はじめよう！柴犬ぐらし

始吧！與柴犬一起生活

監修 Can! Do! Pet Dog School 西川文二

漫畫、插畫 影山直美

譯者 高慧芳

晨星出版

柴犬是什麼樣的狗狗呢？

圓圓的眼睛、
毛絨絨的狗毛、

毫無防備的屁屁、
捲成一圈的尾巴
可愛到讓人受不了

我不要我不要
拒絕散步

不過，以為牠很可愛而掉以輕心的話……

我不要我不要
拒絕抱抱

已經玩膩的玩具
我已經不想玩了！
拒絕玩遊戲

狗狗是開朗又友善的動物！
顛覆你對狗狗的既定印象

展現出我行我素的固執個性，
這就是柴犬。

儘管如此，
這也是柴犬的魅力所在唷！

給所有被柴犬魅力
所吸引，想要與柴犬
共同生活的人，

本書將全面性地
介紹柴犬的可愛之處、
麻煩之處、柴犬的飼養方法
以及如何與牠們相處。

為了讓有緣來到家中的柴柴
成為世界上最幸福的柴柴，
也為了讓自己
成為世界上最幸福的飼主。

現在，讓我們開始與柴犬一同生活吧！

大家好，我是影山直美。
是一位擁有22年柴犬飼養
經歷的圖文作家。
雖然有點冒昧，
請容我擔任這本書的導讀。
柴犬真的是非常可愛的狗狗，
但要在牠們身上
花的工夫也真的不少……
要如何與柴犬融洽地共處呢？
希望大家跟我一起
來看看飼養的訣竅喔！

歷代的柴犬們
GAKU♂
原流浪犬，很親近人 但有點膽小
小狛♀
是個愛玩的小姑娘，很喜歡人也很喜歡狗狗
小徹♂
在行為上一直很讓人傷腦筋，不過老了之後個性就變得穩重了
小權♂
個性開朗，不拘小節

我是本書的監修西川文二。
是JAHA認證的
家犬行為教育指導師。
我的教學宗旨，
就是以學習心理學、腦科學
及最新的動物行為學為基礎，
對狗狗進行行為教育。
目前不論是狗狗的飼養方法
還是訓練方法，都跟過去的常識
有很大的差異。
因此我很希望能透過本書，
向各位讀者介紹讓飼主及狗狗都能
得到幸福的行為教育與飼養方法。

JAHA：公益社團法人 日本動物醫院協會

訓練過的柴犬
多到數不清

目錄

① 狗狗進到家門之前 飼養柴犬的心理準備

② 初期最重要！ 行為教育與社會化

③ 狗狗每天的例行公事 散步與玩遊戲

④ 開心愉快地！ 行為訓練

⑤ 比想像中還要多的…… 行為問題

❻ 以健康長壽為目標 狗狗的健康管理

COLUMN PAGE

①

狗狗進到家門之前

飼養柴犬
的心理準備

柴犬簡直就像一隻小型的狼!?

有一種說法認為柴犬是最接近狗狗的祖先——狼的犬種。
狼
柴犬
沒想到柴犬比哈士奇更接近狼呢……
哈士奇
柴犬
不知道是不是這個原因，一般都認為柴犬具有很強的警戒心，而且不是很喜歡親近人。
要不要吃零食~
懷疑的眼神
其實是要帶牠去動物醫院
桃子早安~
不理
當然也有例外
小權喔!
好乖好乖

※雖然狗狗的確由狼隻衍生而來，但由於已經過馴化，在行為特徵上與狼相異。

一般也認為日本犬對人類非常忠心呢。
小八～
雖然小八是秋田犬……
忠犬八公
西川老師
冒出
很可惜，這是不對的唷
哇
大家之所以會覺得日本犬很忠心，很可能只是因為……
忠犬八公
美夢破碎了……
牠們的警戒心很強，會與飼主以外的人保持距離，所以看起來才會這樣
也因為這種警戒心，如果沒有好好進行行為教育的話，有些狗狗還可能會變得完全不受控制唷……
一直拉
一直拉
汪汪
汪汪
啃咬
啃咬
嗯嗯，這麼說來我的確有看過呢……

柴犬屬於「原始犬種」

柴犬與日本人從繩紋時代開始就是夥伴！

如果要用一個詞來形容柴犬魅力的話，應該就是「樸素」了吧！據說柴犬的原型犬種在繩紋時代就已經存在了，直到現在柴犬都沒有經過品種改良，幾乎完全保持了原始的樣子。在某些時期柴犬作為獵犬與獵人一起追捕獵物，也有一些時期則是作為家庭的看門犬，一直陪在日本人的身邊。

柴犬之所以到了現在仍是廣受歡迎的犬種，或許是因為人類與柴犬一路同行的漫長歷史，已經深深地刻劃在我們日本人的骨子裡了。

擁有可愛臉孔、血統與狼相近的犬種

在JKC（Japan Kennel Club，日本畜犬協會／發行血統證明書的團體）的分類中，柴犬被列入「原始犬種」（PRIMITIVE TYPES）的類別裡。此外，根據國外的DNA研究，目前已知柴犬與狗狗的祖先——狼是最為相近的犬種之一。與外觀和狼隻相似的西伯利亞哈士奇犬相比，柴犬與狼隻更為相近。不知是否因為這樣，柴犬的性格更為獨立、領地意識強且不會主動討好人類。或許也可以說，柴犬不只是外觀姿態，在性格上也很原始。

大家知道嗎？ 柴犬也曾遭遇過滅絕的危機

日本進入明治時代後，由於有大量的西方犬種從國外引進日本進行雜交，讓純種的日本犬急遽減少。對此感受到危機感的人們，於昭和3年成立了日本犬保存會。而在昭和11年，柴犬被指定為自然紀念物。之後不久太平洋戰爭爆發，家犬被徵收作為軍用的毛皮或糧食來源。在飼養犬隻被發現會很危險的時代，似乎仍有人們願意以手頭不多的食物餵食柴犬，始終守護著牠們。

柴犬的身體構造

耳朵

筆直豎起的耳朵稍微前傾，並擁有札實的厚度。

體型大小

母柴犬的身長會稍微再短小一點。是日本犬中唯一的小型犬。

♂

身高：38～41cm
體重：9～11kg

♀

身高：35～38cm
體重：7～9kg

眼睛

形似三角形，眼角稍微上揚看起來更有神。虹膜以深茶褐色最為理想。

尾巴

分成捲成一圈的捲尾及向前方傾斜的直狀尾兩種，還可依外形進行更細部的分類。從側面看臀部至尾巴的線條會呈現數字「3」的形狀。

➜P.149 尾形名稱

毛髮

雙層毛結構，外層毛較為剛硬，內層毛則很柔軟。換毛時期會大量地掉毛。有四種毛色。

➜P.020 柴犬的毛色

四肢

筆直且粗壯的四肢非常矯健，良好的運動能力十分值得誇耀。

柴犬的個性

每隻柴犬之間一定會有個體差異，不過基本上柴犬會有下列這些氣質上的表現。

具有很強的警戒心或領地意識

由於柴犬也擁有作為看門犬的歷史，所以具有強烈的警戒心及領地意識並不讓人意外。根據東京大學的調查，柴犬在守護領地的特性方面在所有犬種中層級最高。

個性頑固，很死心塌地

根據岐阜大學的研究資料顯示，柴犬很不喜歡變化，看到新的事物不會覺得興奮而是會感到警戒，是那種堅持要「跟平常一樣」的類型。所以對陌生人會表現出冷淡不親近的樣子也是情有可原。西方犬種在初次見面時大多會表現得很友善，而柴犬則是完全相反，但相對地，對於牠們所認定的人則是會非常死心塌地。

獨立心強，不會去討好人

過去柴犬在作為獵犬時，獵人會採取「一槍一犬」的打獵模式。與國外的獵犬不同，由於一頭柴犬要負責偵查、追捕、咬回獵物等多個任務，所以牠們不會等待人類的指令，而是必須擁有自我的判斷力。因為這個原因，如今的柴犬在性格上大多都擁有強大的獨立性，不會去討好人類。

勇猛果敢

由於過去作為獵犬時必須對抗體型比自己還大的對手，有些柴犬即使面對大型犬也會無所畏懼地向對方挑戰。看起來雖然很可靠，但有時也會發生意外，所以必須對狗狗進行訓練，讓牠們能習慣其他狗狗或家人以外的人。

➜P.082 讓狗狗習慣所有的人類
➜P.084 讓狗狗可以與其他同類穩定相處

對聲響或快速移動很神經質

由於在個性上很不喜歡變化，所以柴犬對於陌生的聲響或急急忙忙的動作也經常會有很大的反應。這種在獵犬或看門犬身上應有的特性在家犬身上出現，有時就會比較麻煩。但若能在幼犬時期就開始讓狗狗習慣各種聲音，確實地施以社會化教育，就可以解決這個問題。

➜P.080 養出不會懼怕聲響的狗狗

進階小知識 豆柴、小豆柴只是單純的暱稱？

不像貴賓犬會根據體型分成標準貴賓犬、迷你貴賓犬、玩具貴賓犬等不同種類，柴犬基本上就只有一種。雖然有些寵物店會將體型較小的柴犬標明為「豆柴」或「小豆柴」，但並非正式名稱，所以大部分的團體並不承認。

然而在2008年，日本社會福祉愛犬協會（KC Japan）正式承認豆柴為犬種名稱，主張豆柴自古以來就作為獵捕兔子等小動物的獵犬存在，並發行豆柴的血統證明書。不過其中不少豆柴的幼犬長大後卻成為一般體型大小的柴犬，所以養之前要有心理準備唷！

KC Japan認定的豆柴體型大小

♂ 身高：30～34cm

♀ 身高：28～32cm

不管體型
是大是小，柴犬
就是柴犬！

長大變成一般體型
大小，也要喜歡我唷

柴犬的毛色分為赤紅色、黑色、胡麻色、白色

赤紅

柴犬中有80%的毛色屬於「赤紅色」，
據說因為這種毛色在山中最不顯眼，
所以獵人都喜歡赤紅色的柴犬。

也有淺色的赤柴

淺色的毛色被稱為「淡赤」。由於赤柴與赤柴持續交配所生的後代，毛色會變得愈來愈淺，因此會與黑柴交配來保持毛色的深度。

基本上不論是什麼毛色，柴犬側腹部的毛都會是白色的，稱之為「白底」。

幼犬時期的黑色口罩

幼犬時期嘴巴周圍毛色呈現黑色的狗狗，常被稱為「黑色口罩」，隨著成長，這些黑毛會逐漸褪回原來的毛色，2歲之後黑毛幾乎會完全消失。

嗯?

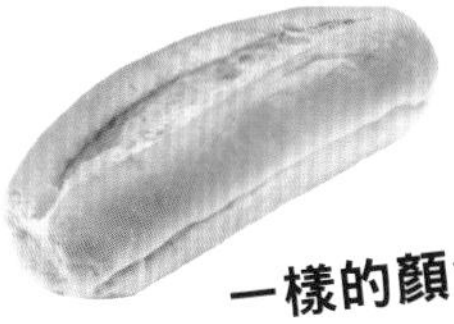

一樣的顏色？

狗狗的額頭與鼻子之間的凹陷處稱為「額段」，英文為「STOP」。以柴犬來說，從鼻尖到額段與從額段到頭頂的比例以4：6最為理想。

赤柴的鼻頭是黑色的。

♪

黑色是僅次於赤柴受歡迎的毛色。說是黑色，其實是混合了黑色、赤紅色、白色三種顏色，其中非單一黑色，而是隱約可見淡褐色或灰色內層毛的「鐵鏽色」更為理想。

黑

眼睛上方有類似麻呂眉※的斑點是黑柴的特徵，所以也被稱為「四眼」。

※譯註：日本古代貴族只留眉頭的一種眉型。

大家知道嗎？

黑柴的父母不一定也是黑柴

一看到黑柴很容易會覺得牠們的父母雙方一定也都是黑柴，但其實不一定如此。這是因為根據孟德爾定律，身上所帶的隱性基因有時也會表現出來。

遺傳的強度為赤紅色>胡麻色>黑色>白色，而赤柴或胡麻柴可能也會帶有黑柴的隱性基因，所以有時也會有即使公、母犬雙方都是赤柴，但卻生下黑柴的情況。順帶一提白柴只帶有白毛的基因，所以如果公、母犬雙方都是白柴的話，就只會生下白色的柴犬。

眼睛周圍變成赤紅色的毛!?

眼睛周圍的黑毛消失、變成赤紅色毛的黑柴。偶爾會看到這樣的柴柴。

每隻狗狗胸口白毛部分的形狀都長得不一樣。
四肢前端的毛色是赤紅色。

胡麻

胡麻是赤紅色毛與黑毛混在一起的毛色，是只占全體柴犬約2.5%的罕見毛色。和其他毛色的柴犬相比，胡麻色柴犬的毛通常是比較長的剛毛。

黑毛比例較高的是黑胡麻

黑毛比例較高的胡麻色柴犬稱為「黑胡麻」。即使都是胡麻色毛，每隻狗狗的外觀也相差甚遠。

赤紅色毛比例較高的是赤胡麻

赤紅色毛比例較高的胡麻色柴犬稱為「赤胡麻」。也有不少赤胡麻會隨著年齡成長，赤紅色毛的比例會愈來愈高，變得幾乎和赤柴毫無二致。

白

接近奶油色的白色柴犬近期開始大受歡迎，由於並非白子（色素缺乏症），所以瞳孔為茶褐色。

大吃一驚！ 白柴是不合格的柴犬？

其實JKC※並不承認白色的柴犬，如果白柴參加犬展等比賽的話，會被判定為雜色而扣分，這是因為畜犬協會認為毛色的深淺事關柴犬的延續；但對於對犬展沒有興趣的人來說，則完全無關，而且最近愈是稀有的毛色，就愈受到人們的歡迎。再加上白柴的白色並非白子，所以完全不用擔心健康的問題。

※JKC=日本畜犬協會。
日本發行犬隻血統證明書的團體

背上、尾巴、耳朵、臉等部位會長出赤紅色的毛。
鼻頭是偏黑的褐色。

幼犬成長的速度很快，飼主要做的事情很多

出生一個月內

- 狗狗出生時眼睛和耳朵都處於還沒有打開的狀態
- 幼犬必須以母乳為食
- 因為無法自力排泄，要靠狗媽媽幫忙舔舐肛門才有辦法排泄
- 在2～3週齡時眼睛和耳朵才會打開

一個月大

- 長出乳齒，可以開始讓狗狗吃離乳食品
- 原本下垂的耳朵開始立起來
- 通常可以自力排泄

誕生　出生一個月內　一個月大

社會化期

☑ 有效利用狗狗的社會化期

3週齡到16週齡大時是狗狗的社會化期，也是狗狗開始認識自身周圍的世界，並初次接觸所有事物的時期。由於這個時期狗狗的好奇心勝過警戒心，所以最好在這個時期讓狗狗儘量接觸各式各樣的事物。雖然社會化期結束後狗狗仍有可能社會化，但因為社會化期後狗狗的警戒心已經超過好奇心，所以必須比社會化期多花好幾倍的努力，因此請飼主千萬不要錯過這個時期喔！

兩個月大

● 乳齒生長齊全，可以離乳
● 可以開始吃乾飼料

✔ 此時是可以購買幼犬的時期

三個月大　　兩個月大

✔ 8～9週齡時施打第一劑混合疫苗

✔ 幼犬的疫苗施打程序

針對預防傳染病的混合疫苗，幼犬是以施打三次疫苗為標準。這是因為來自狗媽媽的移行抗體，最早會在幼犬8週齡時消失，最遲則會到14週齡左右消失，每隻狗狗的情況各有不同。在幼犬體內還殘留移行抗體的時候，即使施打疫苗也會因為受到移行抗體的干擾而無法產生有效的免疫力，可是若是移行抗體消失狗狗又沒有施打疫苗的話，就會對傳染病毫無抵抗之力，所以最推薦的作法就是，在涵蓋狗狗8～14週齡的期間施打三次疫苗。一般來說，會在施打完三次混合疫苗的一個月後再接種一劑狂犬病疫苗。

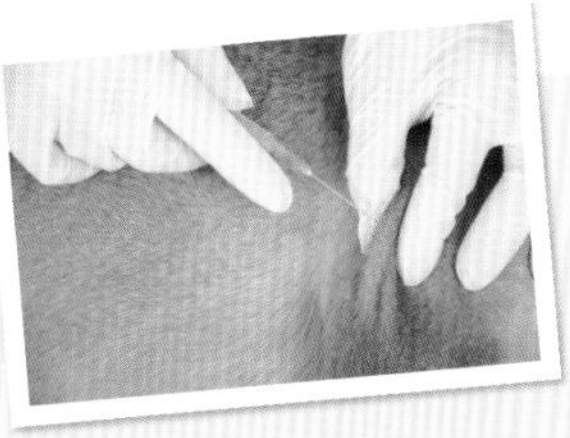

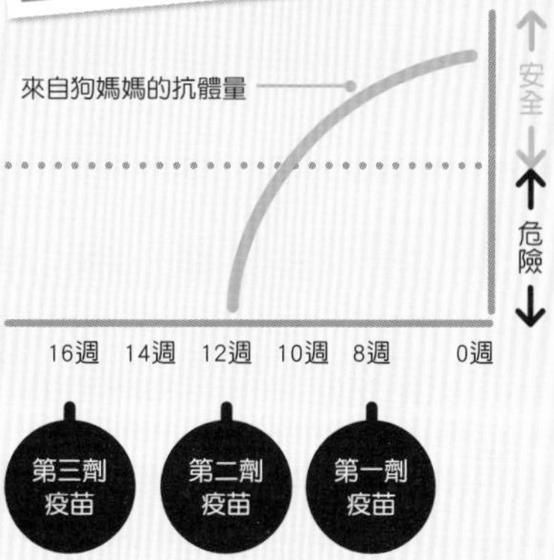

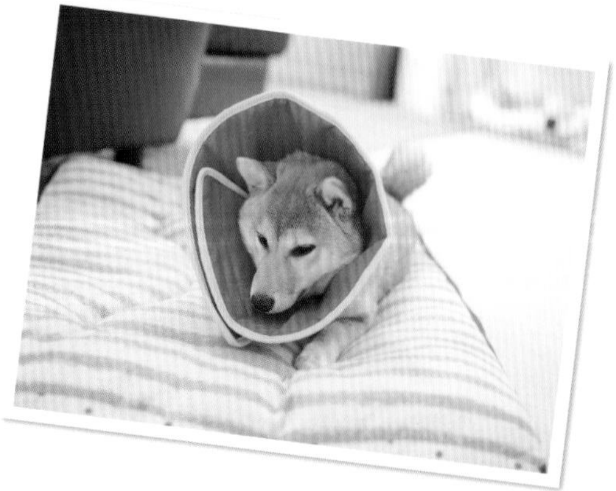

四個月大

- 乳齒開始轉換成恆齒

✓ 如果要進行結紮手術的話，請在發情期來臨之前進行

➔P.184 結紮對狗狗有數不清的好處！

六個月大　　五個月大　　四個月大

第二性徵期

✓ 出生後第91～120天之間完成狂犬病疫苗注射與向當地政府進行寵物登記

社會化期逐漸結束

✓ 狂犬病疫苗接種與寵物登記是飼主應盡的法律義務

出生後91天以上的幼犬，依日本政府規定應接受狂犬病疫苗的預防接種。注射完畢後會領到「狂犬病預防接種證明書」，飼主再憑此至鄉鎮市區公所辦理寵物登記。而完成登記後所領到的狂犬病預防接種證明牌與登記證明牌，也應依規定掛在狗狗的項圈上※。

第00号
注射済
00年00市
犬鑑札
00市00号

寵物登記則是規定應在狗狗出生後120天內完成，若因為疫苗接種時程等因素而無法在期限內完成時，應於事前聯絡各鄉鎮市區的負責窗口。寵物登記只需要一開始登記一次即可，若有移居情況時，則須向移居所在地的鄉鎮市區公所提出申請。狂犬病疫苗應每年注射一次。

混合疫苗的施打程序結束後，狗狗就可以外出散步了！

※譯注：臺灣規定犬貓出入公共場所必須繫掛當年度的預防接種證明頸牌。

八個月大

- 母犬的發情期來臨（八至十六個月大時）
- 公犬也開始有生殖能力

十二個月大

- 身體大致完成發育

七個月大

- 恆齒生長齊全

十二個月大 《 八個月大 《 七個月大

✓ 第二性徵期是狗狗的思春期

狗狗在六至八個月大時進入第二性徵期。和人類一樣，狗狗在此時迎來身體與性方面的成熟期。在此之前用訓斥方式管教狗狗的飼主，也有可能在這個時候受到狗狗的反抗。即使原本可以用力量去壓制年幼或體弱的幼犬，在狗狗身體發育完全與獲得足夠的力量後，也無法再繼續壓制牠們。嘴上說著「我家的狗狗變壞了」而來到行為教室的飼主們，所飼養的狗狗通常就是在這個年紀。而為了不要讓這種情形發生，在狗狗年幼時就給予適當的行為教育最為理想，不過其實不管是從哪個時期開始都不會太遲，所以現在就來進行正確的行為教育吧！

光是想養是無法飼養柴犬的

因為養了狗狗，連住家環境也變了。
一開始住在允許養寵物的租屋處
不過只能養在外面。
搬到透天厝
小權也可以住到家裡了唷！
要養第二隻狗狗小徹的時候，和先生開了好幾次的家庭會議。
那以後無法出國旅行也OK嗎？
兩隻都是公的沒問題嗎？
唔嗯……
開銷呢？預防接種也要兩狗……
小權
照顧完小權後，想要飼養第三隻柴犬小狛的時候……
以我們的年紀來說，現在可能是能夠從幼犬開始養起的最後機會了唷！
唔嗯
好！
因為要負責把狗狗照顧到最後一刻，所以得冷靜評估自己的環境後再做決定喔～
小徹
小狛

柴犬的平均壽命為14歲

二十年後還有辦法好好地照顧愛犬嗎？

根據日本寵物食品協會的統計（二〇一八年），家犬的平均壽命為14．29歲。而根據ANICOM寵物保險公司的統計（二〇一六年），柴犬的平均壽命為14．5歲。其中也有壽命超過20歲的柴犬，與其他犬種相比，柴犬算是比較長壽的犬種。

當然有些狗狗到了晚年之後會需要人們的專門照護。以人類的年齡來說，10歲的狗狗就相當於60歲左右的人，其中一定會有仍然活力旺盛的柴犬，也一定會有健康狀態不良的柴犬。而為了能好好地將狗狗照顧到最後一刻，人類自

己也必須要有健康的身體才行。根據日本厚生勞動省※二〇一八年公布的資料顯示，日本人的健康壽命男性為72．14歲，女性為74．79歲。若單純從這點考慮及計算的話，50幾歲後半才開始養柴犬幼犬大概就是可以照顧狗狗到終老的最後期限了，況且在計畫上多預留一些充裕的時間比較好。

如果真的在年齡上有困難的話，也可以考慮不要飼養幼犬而是直接飼養成犬，或是事先找好發生緊急狀況時可以代替自己照顧狗狗的人。飼主無法繼續照顧又無處可去的狗狗，有時可能會面臨被撲殺的命運。希望大家不要只是因為想養狗狗而一時衝動，愈是愛牠們愈要仔細考慮再下決定喔！

※譯注：相當於臺灣的衛生福利部。

幼犬雖然可愛，
但飼主要負的
責任也更大唷！

柴犬的年齡與人類的年齡換算表

柴犬	1歲	2歲	3歲	4歲	5歲	6歲	7歲
人類	17歲	24歲	29歲	34歲	39歲	43歲	47歲

8歲	9歲	10歲	11歲	12歲	13歲	14歲	15歲
51歲	55歲	59歲	63歲	67歲	71歲	75歲	79歲

本表是由本書監修西川文二先生根據狗狗研究學者史丹利．柯倫的換算表加以改良而成。
狗狗在11歲之後就算是邁入高齡期了。

大吃一驚！ 活到26歲的Pusuke

目標是健康又長壽！

住在栃木縣的混種柴犬Pusuke是金氏世界紀錄裡最長壽的狗狗，保持著26歲又248天的紀錄，直到離世那一天的早上都還有出門散步。根據飼主表示，Pusuke長壽的祕訣是「幫牠清除牙結石、不給牠任何壓力、每天撫摸牠的耳朵」。真希望每隻狗狗都能像Pusuke一樣長壽呢！

一次解答想飼養柴犬時會面臨的各種問題！

Q 如何分辨繁殖業者的好壞呢？

A 選擇願意讓人參觀飼養環境的業者

請業者讓自己參觀狗媽媽或同胎兄弟姐妹生活的樣子，並檢查環境是否整潔、狗狗們看起來是否健康。最好避免拒絕讓人參觀的繁殖業者，這樣比較讓人放心。有些比較疼愛狗狗的繁殖業者還會詢問購買者的家庭組成狀況、飼養環境和飼養經驗，如果飼主與繁殖業者之間能建立起信賴關係，在購買之後也可以成為很好的諮詢對象。為了慎重起見，記得要確認對方有沒有登記成為動物販賣業者，部分縣市政府也會在網站上公告合法的業者清單※。

※譯注：在臺灣，業者須取得特定寵物業許可證才能販賣犬、貓。

Q 飼養狗狗要花多少錢呢？

A 除了初期費用之外，每個月至少要花費新臺幣3,000元左右

柴犬（活體）的市價約10～20萬日圓※1，除此之外，飼養第一年還包括結紮手術、各式各樣的寵物用品等花費，最好先準備數萬新臺幣左右。而在狗食方面的花費，根據資料統計※2，每個月每隻狗狗花費折合新臺幣約3,000元，以平均壽命14歲計算，也就是要花約新臺幣50萬元左右。尤其是有可能要花費鉅額的醫療費，一旦手術就是以新臺幣數萬元為單位，因此希望大家平時可以購買寵物保險，或是專門為愛犬存下資金，以備不時之需喔！

※1　譯注：在臺灣，柴犬的市價約1～3萬新臺幣之間。
※2　根據日本寵物食品協會（2018年）的統計資料。

Q 如果狗狗有植入寵物晶片的話，走失了是不是就可以找到牠？

A 並不是一定能找得到，所以請盡力防止狗狗跑掉

走失的狗狗如果是被動保處等擁有寵物晶片掃描器的機關收容的話，就有辦法聯絡狗狗的飼主。但我們並不知道狗狗是不是一定會被這些機關收容，而且狗狗也有可能被別人帶走，所以除了要採取在門窗外架設圍欄等防止狗狗跑掉的措施之外，狗狗的項圈上也應該要掛上犬牌或寫有聯絡方式的名牌，讓人一眼就可以看出是有人飼養的狗狗。另外也不是只要植入晶片就好，還必須在資料庫裡登記飼主的相關資訊才行※。

※譯注：在臺灣，狗狗依法須強制植入寵物晶片並辦理寵物登記。

Q 通訊交易也能買到柴犬是真的嗎？

A 在日本，寵物的通訊交易是違法的！別被不良業者騙了

根據日本法律，活體販賣須讓購買者直接看到動物，並由販賣者面對面說明動物的特徵及飼養方法等事項，因此只透過網路或電話進行買賣的通訊交易是違法的。和這種業者購買來的狗狗很可能會有健康問題，而實際上也經常發生空運送來的寵物非常虛弱，或是明明已經付錢，寵物卻根本沒有送來等交易糾紛※。

※譯注：臺灣雖未禁止網路販售，但規定業者於電子、平面、電信網路及其他媒體進行廣告行銷宣傳時，應標示其特定寵物業許可證字號。

Q 公犬還是母犬比較適合養狗狗的新手呢？

A 只要有進行結紮手術，其實兩者相差不大，選自己中意的幼犬即可

狗狗在進入第二性徵期之後才會有明顯的性別差異，並對異性出現強烈的興趣。這個時候即使給狗狗再多的獎勵零食，都勝不過牠們對異性的好奇心，因此別說是進行訓練，有時候狗狗的眼裡甚至沒有飼主的存在。所以想和狗狗一起愉快地生活的話，讓狗狗進行結紮手術是最適合的選擇。而以性格來說，公犬大致上比較愛撒嬌，母犬則比較外冷內熱，不過這一點其實也有很大的個體差異。

➔P.184 結紮對狗狗有數不清的好處！

Q 單身獨居或雙薪家庭也可以飼養狗狗嗎？

A 只要能完成定點上廁所的訓練及社會化教育就可以養

即使是獨居家庭或雙薪家庭，都不乏能和狗狗一同生活的飼主，只是務必要在幼犬期間確實地完成定點上廁所的訓練及社會化教育才行。包括幼犬來到家裡的那天算起至少3天，飼主最好能請假密切地陪伴狗狗。之後則可以利用狗狗安親班或寵物保母等服務來加強狗狗的行為教育，尤其請務必要善加利用狗狗四個月大之前的社會化期。

Q 聽說柴犬很會掉毛是真的嗎？

A 是真的。尤其是春季與秋季的換毛期更是會大量掉毛

大量掉毛也是飼主會面臨到的問題之一，飼養前最好要做好心理準備。勤加幫狗狗梳毛或洗澡，可以減少屋內四處飛散的狗毛。

Q 從動物保護團體那裡也可以領養到柴犬嗎？

A 有些動保團體會舉辦送養活動送養柴犬或類似柴犬的混種犬

有些動保團體會為被別人棄養的柴犬成犬或類似柴犬的混種犬舉辦送養活動。如果不介意狗狗的年齡或犬種的話，去申請認養也是一種管道。認養時必須同意該團體提出的認養條件或與負責人面試，另外也必須支付相關的轉介費用。

Q 家裡現在有養狗狗，如果還想飼養新的柴犬時要注意哪些事情呢？

A 原先的狗狗已確實完成行為教育與社會化之後再飼養新的狗狗

若原先的狗狗還未確實完成行為教育又飼養新狗狗的話，很容易讓新舊狗狗雙方的行為教育都變得不夠確實。建議等原先的狗狗確實完成行為教育，且年齡達到心理層面穩定的3歲之後，再飼養新的狗狗。不過狗狗過了8歲之後體力開始衰退，年邁的狗狗很可能會受不了精力旺盛的幼犬，所以最好在原本的狗狗3～8歲之間飼養新狗狗。

好像有不少柴犬喜歡貓咪唷

Q 如果有養其他寵物的話要注意哪些事項呢？

A 根據動物的種類決定，有些種類無法跟狗狗飼養在同一個房間內

天竺鼠或鳥類可能會被當成狗狗的獵物，所以必須飼養在不同的房間。成年貓咪來說，似乎有不少家庭的狗狗和貓咪能融洽地生活在一起。若可以幫貓咪準備好狗狗上不去的貓跳台等架高的場所，更能保持兩者間適當的距離感。

狗屋及廁所用品

運輸籠

幫狗狗準備塑膠等材質製作的硬式運輸籠，如果籠子的面積過大，狗狗容易在裡面大小便，所以選擇狗狗可以在裡面轉身的尺寸即可。

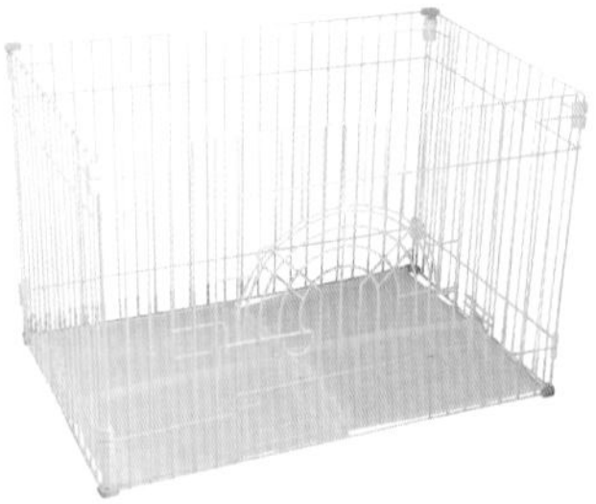

圍欄

在圍欄裡鋪上尿布墊作為狗狗的廁所使用。圍欄的面積大小要足以讓狗狗長大之後也可以使用。

尿布墊、狗便盆

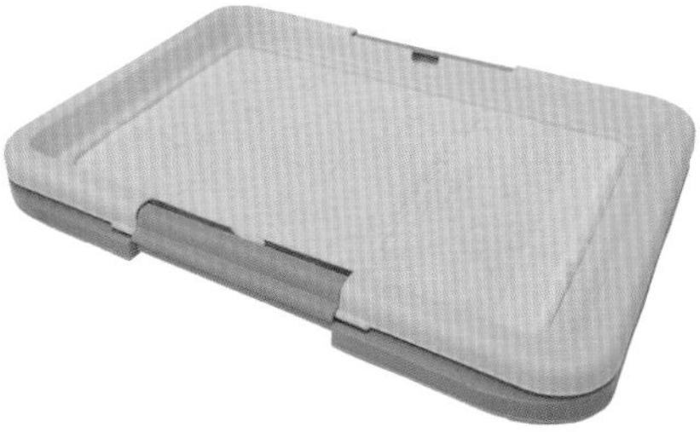

由於會使用到很多的尿布墊，所以要備好足夠的量。狗便盆的面積大小要足以讓狗狗長大之後也可以使用。由於在狗狗完成如廁訓練之前還不會用到狗便盆，所以之後再準備也沒關係。

先準備好各類寵物用品

除菌消臭劑

當狗狗在廁所以外的地方大小便時可用來消除氣味。若有氣味殘留，狗狗很容易在同樣的地方再次大小便，所以必須進行消臭。

狗床

狗狗完成如廁訓練之後就可以在房間內放置狗床，布置出一個狗狗專屬的空間。可以之後再準備也沒關係。

狗狗的飲食

狗食（乾飼料）

狗狗剛來的時候，應暫時先給牠吃和之前相同的飼料。之後再配合發育情形更換食物。

➜P.186 從綜合營養食品中選擇餵飼的狗食

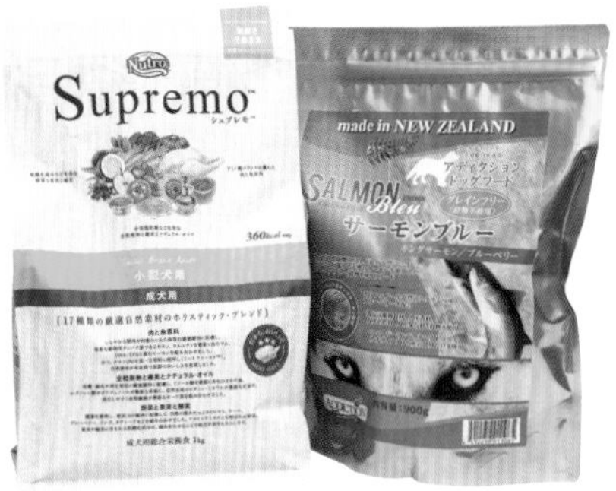

POINT

用手直接餵食會有很好的效果

本書非常推薦在對狗狗進行行為教育或訓練的時候，以用手直接餵食的方法作為獎勵。比起狗碗，用手餵食是增加人狗親密度與信賴感的好方法。

狗碗、水碗

建議可挑選不容易破損的不鏽鋼碗或陶碗。但若全部用手餵食的話就不需要狗碗。

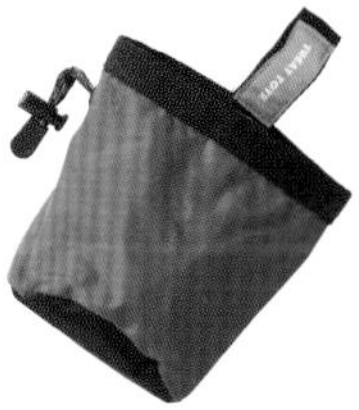

訓練零食袋

對狗狗進行行為教育或訓練的時候，為了能夠立刻給予獎勵，必須準備一個裝零食的小袋子，最好在第一天就準備好。

➜P.058 零食的取出法

潔牙骨、牛筋

狗狗單獨在家的時候，可以給予能長時間玩樂的耐咬零食。因為具有咬勁，也非常適合在換牙的時期給予。

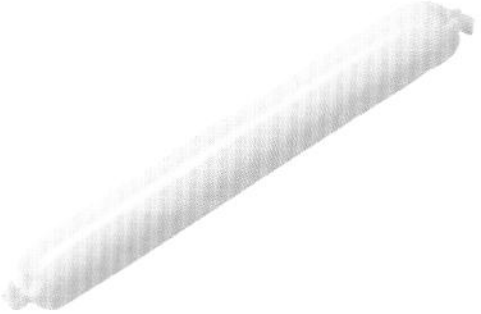

寵物用起司

鹽分減量的起司，非常適合作為塞在KONG玩具裡面的零食。

KONG玩具

由有韌性的橡膠所製造、不容易咬壞的玩具。可以在中間塞入狗食或起司後給狗狗玩。

➜P.059 KONG玩具的使用方法

房間的布置方法

將多餘的物品收拾乾淨

只要是狗狗會進去的房間，一定要澈底收拾乾淨！尤其是幼犬，很容易把意想不到的東西吞下去，如果誤吃到人用的藥品或圖釘，還會有傷及性命的風險。

用柵欄把暖爐圍起來

為了避免狗狗太過靠近暖爐而燙傷，應用柵欄將暖爐圍起來。也可利用多餘的圍欄片圍起。

木頭地板上鋪設防滑墊

為了避免容易打滑的地板造成狗狗的腰腿受傷，可在上方鋪設地毯或軟木墊，或是塗上可以防滑的蠟。

其他用品

牽繩

準備1.6～1.8公尺的普通牽繩。長牽繩或伸縮牽繩不適合在一般情況下使用。

→P.099 牽繩的拿法

項圈

如照片中的8字項圈，方便飼主用手指拉住，很適合用來保定狗狗。

→P.097 項圈的戴法

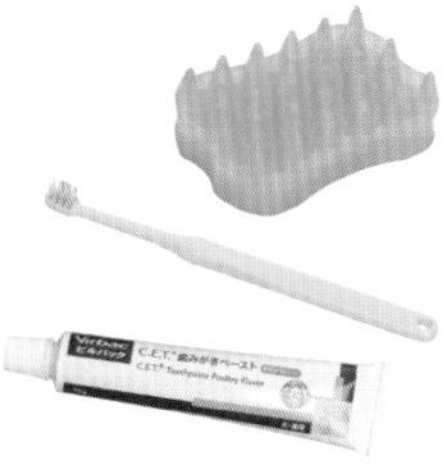

清潔護理用品

梳子、趾甲刀、刷牙用品等。準備好的用品可以先讓狗狗習慣碰觸它們後再開始使用。

→P.190 身體的清潔護理

玩具

準備玩偶或拉繩等狗狗專用的玩具，為了避免狗狗誤食，最好挑選狗狗無法完全含在嘴裡的玩具。

→P.112 和狗狗玩拉扯遊戲

選擇寵物用品時，也可以參考訓犬師或寵物美容師的意見唷！

設置柵欄讓狗狗無法進入廚房

由於廚房會使用到菜刀和火源，為了狗狗的安全請不要讓牠們進入廚房，或在烹調時用柵門防止狗狗進入，也可選用人類的嬰兒防護欄代替。

在房門打開的狀態下應安裝門擋

風太大時很容易自動關門，有時可能會造成狗狗受傷，因此房門打開的情況下請務必加裝門擋固定住房門。

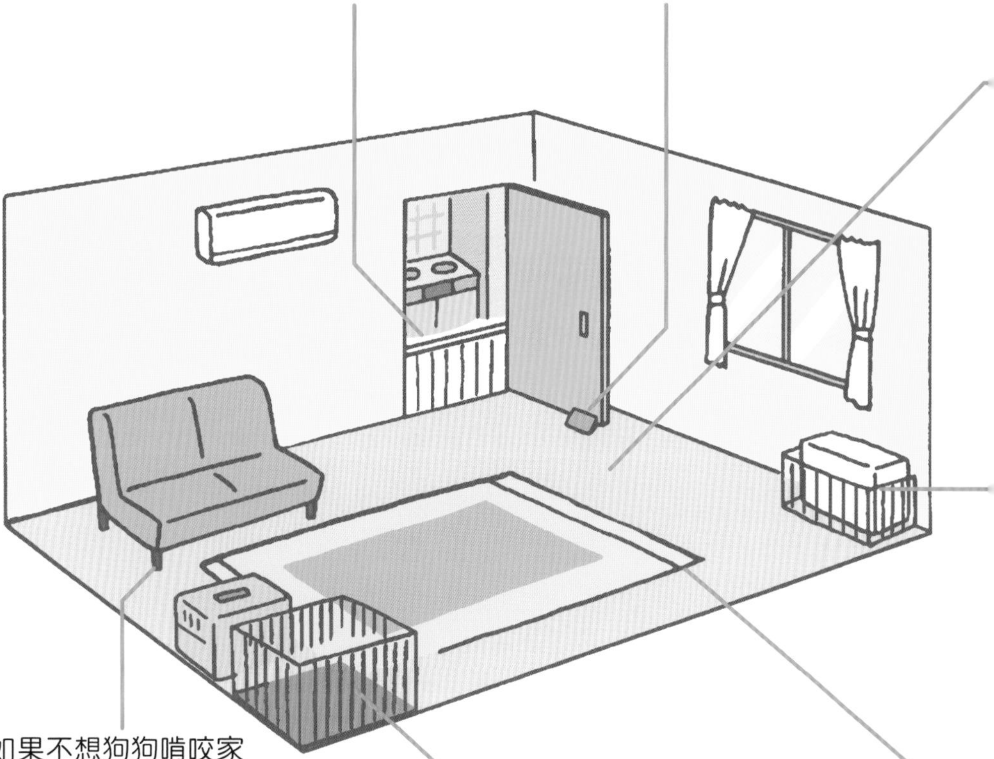

如果不想狗狗啃咬家具，可以噴上防止狗狗啃咬的噴霧等方式作為對策

對於不想讓狗狗啃咬的地方，可以事先噴上含有狗狗討厭味道的專用噴霧，或是覆蓋上壓克力板。尤其狗狗在換牙的時期看到什麼都想咬，而這時期被啃咬的物品，狗狗在換牙之後仍會留下繼續啃咬它們的習慣。

在房間的角落設置圍欄與運輸籠

安放狗狗的圍欄與運輸籠最好放在房間安靜的角落，並且不是空調風直吹或日光會直射到的地方。

➜P.062 如廁訓練

和狗狗共同生活的目的是「為了一起得到幸福」

人類與狗狗光是互相凝視就能感到幸福

本書是以「想要享受與狗狗共同生活」的讀者為對象，分享如何進行行為教育等訣竅的一本書。我們在家犬身上尋求的是療癒的感覺，還有可以一起出門去任何地方的社會性。所以牠們既不需要看門犬的警戒心，也不需要進行工作犬所需的嚴格訓練。如果不在事前清楚了解這一點的話，飼主們很容易遺忘當初飼養狗狗的理由，以及想在行為教育獲得的成果。

那麼，前面說到我們在家犬身上尋求的是療癒的感覺，那人們真的有從飼養狗狗這件事上得到療癒的效果嗎？事實上，這是有科學證據的，目前已經發現，當人們與所飼養的狗狗互相對看時，體內會大量分泌一種被稱為幸福荷爾蒙的催產素（Oxytocin）。而對狗狗來說，當牠們與信賴的飼主互相對看時，體內也會分泌催產素。所以說，彼此信賴的飼主與狗狗之間，互相凝視就能讓雙方都感到幸福。

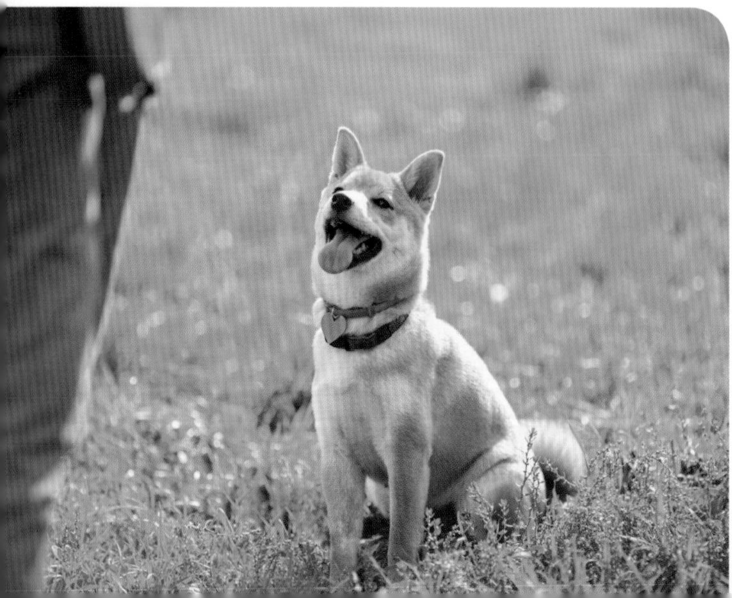

養育出會與飼主經常互相對看的狗狗

狗狗的訓練中有一項就是眼神接觸，雖然這項訓練的目的是為了讓狗狗專心，但其實這也是種感情交流的方法。簡單地說，若是狗狗願意經常與飼主眼神接觸的話，光是這點就能為飼主帶來莫大的幸福感。

那麼，要怎麼做狗狗才會願意經常與飼主眼神接觸呢？若讓狗狗聽到飼主施加壓力的語氣，狗狗反而會躲開飼主看過來的視線。所以要如何才能不對狗狗造成壓力地進行行為教育呢？如何才能在人犬之間建立起親子般的信賴關係而互相獲得幸福呢？這就是本書想要傳達的主題。

※本書以室內飼養為基礎。這是因為，要從家犬身上獲得幸福，狗與人就必須儘量多花點時間相處才行。

建立親子關係的四大重點

POINT 安定感

對狗狗來說，飼主要成為能夠讓狗狗安心的存在。如果經常以力量壓制、採取責罵等方式對待狗狗，會為狗狗帶來不安。飼主與狗狗之間要建立的關係，應該是信賴而不是支配與服從。為了達到這一點，飼主對狗狗的態度要一致，而且重點就是要經常誇獎牠們。

POINT 食物

對幼犬來說，為自己餵奶或餵食，並且會保護自己的狗媽媽，是牠們非常信賴和孺慕的對象。所以每天提供食物給狗狗的飼主，應該也會帶給狗狗同樣的感覺。尤其是用手直接餵食的方式，更是特別有效。

POINT 決定權

幼犬會服從狗媽媽。人類在幼年時期也是所有事情都由父母決定，孩子則是聽從其決定。如同這種模式，決定權應該要在飼主身上而不是在狗狗身上。不論是散步的目的地，還是遊戲開始和結束的時間，飼主應掌握所有事情的決定權。若是任憑狗狗決定，可能會養出難以馴養的問題狗狗。

POINT 玩遊戲

讓狗狗覺得「和飼主一起玩遊戲是最開心的事」。而要達到這個效果，就必須知道如何跟狗狗玩遊戲。大量的遊戲可以消除狗狗的壓力，也能夠防止行為問題的發生。把訓練當作遊戲的一環也是讓狗狗能夠開心接受訓練的訣竅。

力在哪裡呢？

傲嬌的樣子。

喜歡的東西就很喜歡，討厭的東西就很討厭。很難伺候又有很多堅持，容易感到寂寞卻又喜歡獨處，儘管如此，卻讓我更加愛牠。覺得狗狗的體內是不是住著一個有點彆扭、讓人不能放著不管的人啊（笑）？

佐藤先生

傲嬌的樣子。

在外面一副正經八百的樣子，一回家就很黏人地一直撒嬌，這一點真是讓人喜歡得不得了。

加藤小姐

不論說什麼都聽得懂。

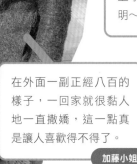

不管教什麼都能馬上學會，感覺好聰明～

黃豆粉的爸爸

來自柴柴飼主們的感想

柴犬的魅

玩遊戲的時候，人都還沒覺得厭煩 柴犬就已經玩膩了（笑）。

給人一種「不愧是柴犬」的感覺。

小島小姐

我已經玩膩了！

勇敢的樣子。

妹妹小尋（赤柴）被大型犬包圍的時候，小鈴（黑柴）衝過去把牠們趕跑了。還曾經把杜賓犬嚇到不敢動……

shibatalk 小姐

勇敢的小鈴 ♀

不會整天只想要黏在飼主身邊。

比起成天找人撒嬌的狗狗，我更喜歡柴犬我行我素的氣質。

shibatalk 小姐

回頭時出現的臉頰肉。

肉呼呼的臉頰肉超級可愛，所以就算沒事我也常常忍不住叫牠的名字。

Berry 和 Muku 的媽媽

毛絨絨的耳朵。

厚厚的耳朵上長著濃密的狗毛，讓人想要永遠摸下去……

阿銀的媽媽

OSHIRI LOVE

圓滾滾的屁屁。

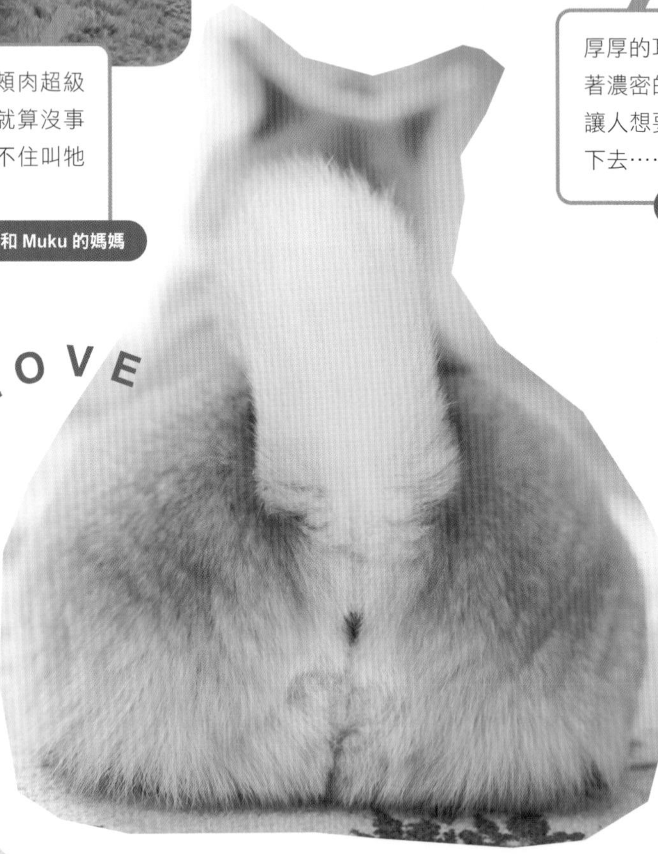

圓滾滾又可愛的柴犬屁屁總是讓我忍不住一看再看，坐在我隔壁時大腿看起來也很迷人。

COCO 的爸爸

不討好他人的樣子。

便便時不好意思的表情也好喜歡（笑）

喜歡柴犬獨立性強的嚴肅模樣，一開始只養了一隻白柴，後來覺得多養幾隻一定更可愛，所以又養了第二隻。

藤井小姐

在每天散步的公園只要看到陌生狗狗往這裡靠近，就會一直瞪著對方，應該是想要保護我們的樣子。

COCO 的媽媽

對飼主非常忠誠，超乎必要地想要保護我們。

表情嚴肅的時候看起來好呆。

認真時那個嚴肅的樣子看起來反而讓人覺得好呆，怎麼看都看不膩。

影山直美小姐（本書圖文作家）

不只在日本！

柴犬在國外也大受歡迎

大家知道柴犬在國外也大受歡迎嗎？「這些狗狗們知道自己這麼可愛嗎？」「好可愛！光是看到柴犬就讓我覺得充滿活力！」全世界的狗狗愛好者都為之著迷。實際上，住在日本觀光地區附近的柴犬飼主們，也經常被散步中的外國觀光客請求可不可以跟柴犬一起照相。網路的世界裡，充滿熱愛柴犬的「doge」[※1]一詞，也成為了大家常用的網路哏，還經常會把柴犬暱稱為「shibe」[※2]。

而柴犬在國外之所以變得如此受歡迎，據說與2009年上映的美國電影《忠犬小八》有關。這部片翻拍自日本電影《忠犬八公的故事》，由李察·吉爾主演。雖然八公是秋田犬，但飾演牠幼犬時代的柴犬，其圓滾滾、毛絨絨的外型，加上一心一意持續等待飼主的忠誠，擄獲了許多人的心。

不過，外國人似乎也已經掌握到柴犬有點難以捉摸的性格，像是「The Shiba Inu is almost like a cat」（柴犬簡直就跟貓咪一樣）、「Big dog in a small body」（小小的身體裡面住了一隻大狗狗）之類的形容，看了實在令人會心一笑呢！

※1譯注：來自一隻原名為Kabosu的網紅日本柴犬。
※2譯注：柴犬的原文為shiba。

②

初期最重要！

行為教育與社會化

狗狗的行為教育方式飛速進化中！

現今狗狗的行為教育跟以前比起來真的變了好多呢！
等等！
好乖
就是呀～
過去還會用體罰的方式
隨地大小便的話……
不可以在這裡尿尿！
痛罵！！
被咬的話就用拳頭塞進狗狗的嘴巴裡……
嗚！！
我記得當時的飼養書籍裡好像也有寫這種做法
昭和時代
啊……
這些都是一種如果狗狗做出飼主不期望的行為時就給予懲罰、讓狗狗停止那種行為的方法。不過……

現在已經知道懲罰狗狗可能會造成這些後果了唷！
●害怕飼主
我回來了
逃走
●攻擊性變高
吼～
低吼～
●壓力導致狗狗無精打采
出去散步了唷
……
這樣的關係好悲哀喔……
啊，可是對狗狗來說，飼主必須要成為可靠的領導者不是嗎？
成為狗狗可靠的領導者吧！
飼養書籍
請將那種想法丟掉！！
啊～～～
我們不需要成為具有威嚴的領導者，只要成為像狗狗父母一般值得信賴的人就好了唷！
喔～
這樣的話我應該做得到！

狗狗只能靠經驗學習新事物

由於我們與狗狗語言不通，所以想要讓狗狗學會某事，必須先讓牠體驗一次

想當然爾，狗狗無法理解人類說的話語，但很多人會想說：「哎呀，可是我說坐下的時候狗狗不是都會坐下嗎？」這其實只是狗狗單純地記住某個信號而已。說得極端一點，我們也能教狗狗學會聽到「站起來」的口令後坐下。

因此即使我們跟狗狗說「去做這個、去做那個」牠們也是聽不懂的，想要狗狗做出我們想要牠做的動作，只有讓牠體驗過才有辦法達成。

同樣地，即使我們跟狗狗說「不要做那種事唷」、「不可以這樣做」牠們

持續讓狗狗體驗想要讓牠學會的事

在尿布墊上面上廁所

誘導狗狗做出飼主想要狗狗學會的事或希望狗狗持續做出的行為，然後再給予獎勵提高狗狗做出這件事的意願。獎勵＝發生好事，一旦好事發生了，狗狗就會經常做出該行為。

啃咬耐咬玩具

狗狗在本能上有著「想要啃咬某個東西」的欲望，尤其是離乳後到恆齒長齊的7～8月齡之間，是欲望最強的時期。在這個時期讓狗狗養成去啃咬耐咬玩具的習慣吧！

POINT

讓狗狗記住作為信號的口令

在狗狗每次上廁所的時候發出固定的口令，如此一來等狗狗記住之後就會在接受到信號時做出上廁所的行為。常見的口令為「one、two」，one是叫狗狗尿尿，two是叫狗狗便便的意思，這個是日本訓練導盲犬上廁所的口令※。

※譯注：臺灣常用的導盲犬上廁所口令為「busy、busy」。

也聽不懂。若我們不想要狗狗做出某件事，那就必須要想辦法讓狗狗沒有機會做那件事。所以讓狗狗體驗過調皮搗蛋的話，狗狗就會學會調皮搗蛋。

對狗狗施加懲罰的行為教育法百害而無一利

看到調皮搗蛋的狗狗現行犯時，即使罵牠也沒有意義，被責罵的狗狗只會覺得「發生什麼不妙的事情了」，卻無法理解自己犯了什麼錯。於是狗狗可能會重蹈覆轍，或是乾脆躲起來做。

而且，目前也已知責罵等「施加懲罰的行為教育方式」會產生許多弊病。研究人員透過實驗發現，持續受到懲罰的動物，會想要逃出那樣的環境、提高攻擊性，或是無精打采。相信這應該不是大家想要的生活方式，這就是為什麼責罵狗狗百害而無一利。

不想讓狗狗學會的事，要先防止牠有機會體驗！

偷吃東西

把食物放著不管、讓狗狗有機會吃到的話，就等於教導狗狗「這裡有好吃的東西」，因此務必要把食物收好，不要讓狗狗有偷吃成功的經驗。

在地毯上大小便

對狗狗來說，上廁所本身就是舒服的行為，所以當狗狗記住某地可以做讓自己舒服的行為時，牠就會重複進行。只要按照本書介紹的如廁訓練方法，就能成功訓練狗狗定點上廁所了。

啃咬家具的腳

不想讓狗狗啃咬到的物品必須事先加以防範。像是可以在家具等物品噴上防咬噴霧等狗狗討厭的味道，或是貼上壓克力板防止狗狗咬到。

進階小知識

制止狗狗不好的行為

就算不能責罵狗狗，也不能在狗狗做出飼主覺得不好的行為時放任不管。因為狗狗是藉由經驗學習，所以放任不管就等於讓狗狗學習該行為。在看到狗狗做出不好的行為時，第一步就是制止牠，之後則是要確實執行防止狗狗再次做出該行為的事前預防措施。

四個狗狗的學習模式！

利用獎勵的行為教育法教導狗狗做出飼主期望的行為！

大家不用覺得教導狗狗是一件很難的事。人類的小朋友在被父母誇獎時，就會萌生「我下次還要這樣做的想法」；而若是讓他們覺得害怕的地方，他們下次就會不想再靠近。狗狗也是一樣的思考模式。在左方的表格中，想要狗狗做出飼主期望的行為時，要利用Ⓐ模式，也就是「獎勵的行為教育」；而在狗狗做出飼主不喜歡的行為時，利用責罵牠、懲罰牠等方法減少該行為的發生，就是Ⓑ模式，不過正如本書P.53所說，因為壞處過多，基本上並不使用。

狗狗的學習模式

討厭的事

B

如果討厭的事發生
該行為就會減少

例 咬了椅子的腳
發現好苦

↓

不會再去咬它

這種模式在行為教育裡唯一可以使用的，就是讓狗狗彷彿遭到天譴的做法。例如在家具噴上防咬噴霧，狗狗不會知道是飼主做的，所以也不會因此討厭飼主。

因為會發生討厭的事，所以我不想再做了。

D

如果討厭的事消失
該行為就會增加

例 因為討厭梳毛
所以咬了人的手，
梳毛動作就停下來了

↓

變得會一再地咬人

對於狗狗可能會討厭的事，飼主必須要想辦法逐漸擴展狗狗的容許範圍。否則等到狗狗看到自己不習慣的事就咬那就麻煩了。狗狗一旦學會「感到討厭的時候去咬對方就可以解決」，就會養成咬人的習慣。

只要這樣做，討厭的事就會消失，所以我以後還要這樣！

✓check!

請不要參考1999年以前的行為教育書籍

曾經被人廣為相信的「老大症候群」學說（意指狗狗不服從飼主是因為飼主沒有澈底成為領導者的緣故），目前已經被否定了。這是因為過去與現在的思考方式全然不同，雖然現在也有很多不正確的資訊誤導大眾，但最少別參考1999年以前初版發行的書籍較為保險。裡面會有「狗狗隨地大小便的話就把牠的鼻子壓向排泄物並罵牠」、「為了讓狗狗知道飼主才是老大所以要壓制牠」等不科學的內容。

好事

發生

A

如果好事發生
該行為就會增加

例 只要在尿布墊上尿尿
就會得到獎勵

↓

完成如廁訓練

在狗狗做出飼主期望的行為時給予零食獎勵或是口頭誇獎，就可以增加狗狗做出該行為的頻率。而為了達到這一點，必須知道什麼才是有效的獎勵方法。

➔P.056 成為善於獎勵狗狗的飼主吧

因為被誇獎了，以後我還要這樣！

消失

C

如果好事消失
該行為就會減少

例 發出想要食物的吠叫
卻得不到飼主理睬

↓

變得不太吠叫

如果狗狗發出要求食物的吠叫就能得到食物，以後就會愈來愈愛叫。所以即使狗狗吠叫也不要給牠食物，並且不要理會牠，狗狗就會減少吠叫的行為。

➔P.158 要求性吠叫

叫了也得不到食物的話就沒意義了啊！

成為善於獎勵狗狗的飼主吧

不論是什麼狗狗，最萬能的獎勵方法就是給牠們食物

所謂的獎勵，對狗狗來說就是「好事」發生。而對所有狗狗而言都算是「好事」，而且是任何人都能提供的，就是食物了。

雖然撫摸狗狗或是口頭稱讚也能成為牠們認定的「好事」，但在飼養初期還未建立起信賴關係的時候，這些方式就行不通了。畢竟還不喜歡的對象碰觸自己或是跟自己講話時，也很難引起開心的感受。必須在給予食物的同時撫摸狗狗或是跟狗狗説話，才會讓狗狗覺得這些也是「好事」之一。

有效獎勵三連發

1

口頭稱讚狗狗

在給予食物之前説出固定的話語，狗狗就會學習到這是「好事」要發生的信號。不久之後狗狗光是聽到稱讚的話語也會覺得很高興。

（稱讚的範例）

「Good」、「好聰明」、「天才」等等

2

給予狗狗食物

從訓練零食袋裡拿出食物，伸出手餵給狗狗吃。

➔P.058 零食的取出法及拿法

3

給予食物同時撫摸狗狗

在餵狗狗吃東西的時候，用另一隻手撫摸牠，最好撫摸胸口或肩膀。飼養初期撫摸狗狗的頭部容易引起狗狗的警戒心。

讓狗狗覺得飼主手上總是拿著好吃的食物

雖說食物是萬能的，但若是讓狗狗產生「飼主手上沒食物，那我就不用聽話」的想法，那就麻煩了。因此平時就要讓狗狗分不清飼主手上到底有沒有拿著食物，狗狗會覺得「說不定我可以從飼主手中得到獎勵」。而為了達到這個目的，就需要訓練零食袋這項道具。將訓練零食袋掛在背後讓狗狗無法發現食物的存在，卻又能快速地拿出食物獎勵狗狗。若無法立刻拿出食物獎勵的話，會讓狗狗搞不清楚飼主是在獎勵哪件事，而若是從其他手邊的容器拿出食物，狗狗就會知道旁邊是否有食物，進而把注意力轉移到容器裡的東西。

獎勵方式的各種變化

1. 稱讚＋食物＋撫摸（有效獎勵三連發）
2. 口頭稱讚＋食物
3. 食物＋撫摸
4. 只有食物
5. 口頭稱讚＋撫摸
6. 只有口頭稱讚
7. 只有撫摸

一開始每次的獎勵都要包括食物，接著漸漸增加不包括食物的獎勵方式，培養「沒有食物也願意聽話」的狗狗。

嘗試看看 在飼養初期把所有食物都作為獎勵之用

每天早上計算好當天的乾飼料分量，全部放入訓練零食袋中。然後將這些食物作為訓練時的獎勵，多次餵給狗狗，並在一天內使用完畢。也就是一整天都沒有用狗碗餵飯的用餐時間，而是訓練的時間＝狗狗用餐的時間。如果是100顆乾飼料，就可以教導狗狗100次。就算不是為了進行訓練而只是單純用手餵食，也有助於提高狗狗的信賴感。

零食的取出法

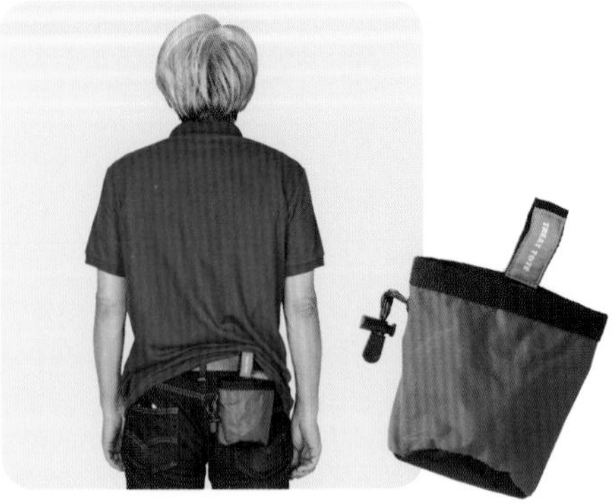

1 必須有訓練零食袋

利用掛勾將零食袋掛在褲子或皮帶上，為了避免被狗狗看到，要掛在身體的背後，且要選擇開關袋口時不會發出聲音的零食袋，以免被狗狗發現。

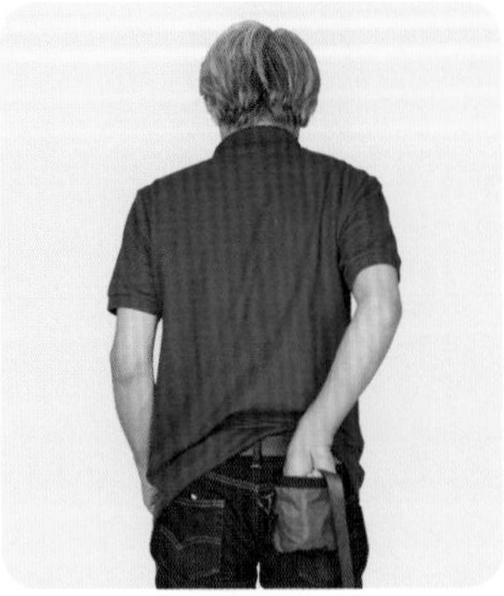

2 悄悄取出零食

重點就是取出零食的時候要儘量安靜無聲，零食應直接放入訓練零食袋內，若是為了避免弄髒而在零食袋內放置塑膠袋等物，就會發出聲音。

零食的拿法

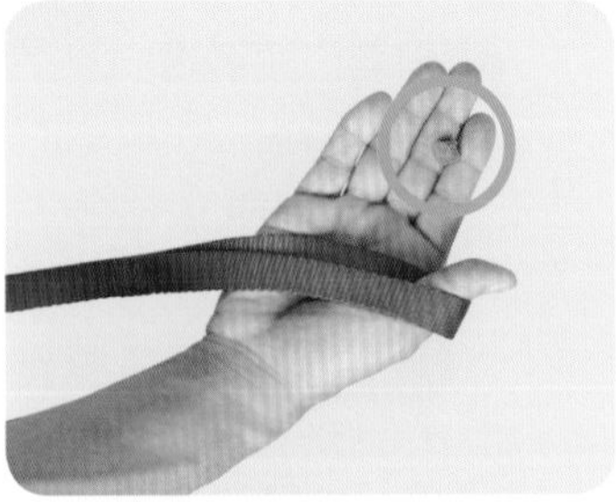

1 將零食放在食指與中指之間

將零食放在食指與中指之間、第1～2指關節附近。

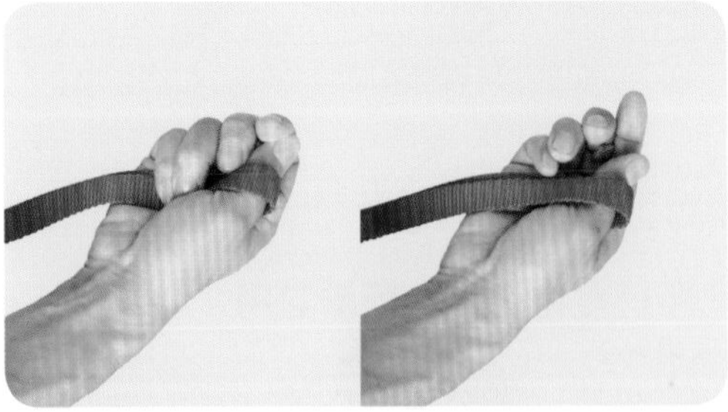

2 將零食放在輕微握拳的手裡

像是包覆一般將零食握在手裡，當握有零食的手靠近狗狗的鼻頭時，狗狗雖然吃不到，卻能聞到零食的氣味，就可以用手去誘導狗狗。

KONG 玩具的使用方法

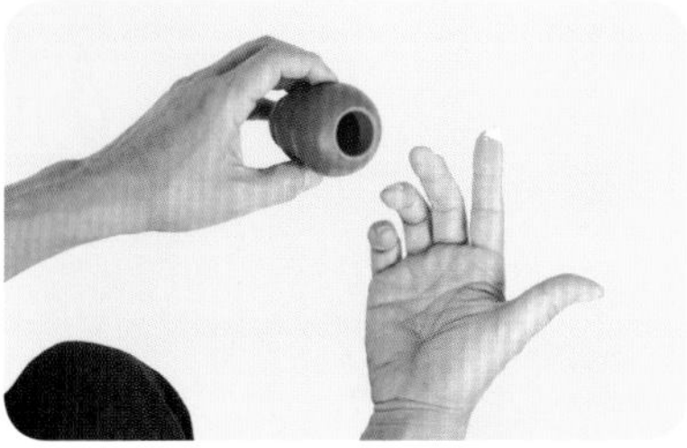

1 用手指沾取起司或狗食

用指尖沾取起司或泡軟的乾飼料。

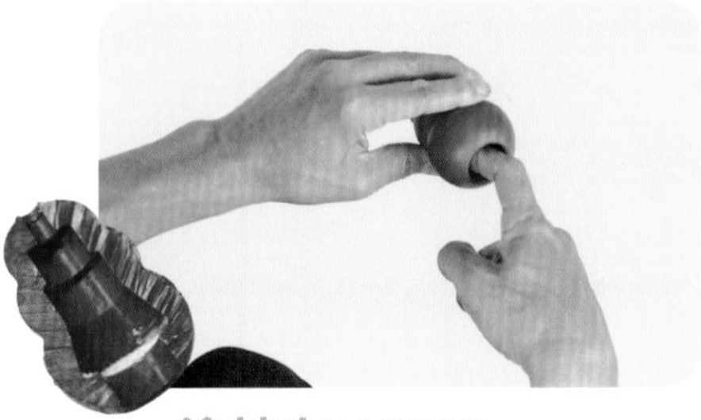

2 塗抹在KONG玩具內

手指伸入KONG玩具內，將食物塗在邊緣讓狗狗可以輕易地舔到，當著狗狗的面塗抹更好。

在將KONG玩具給狗狗玩的期間可以進行狗狗身體的清潔護理等工作

由於狗狗會花時間去舔食KONG玩具內的食物，趁這個時候可以幫狗狗進行梳毛或穿戴牽繩等工作。

➜P.105 KONG玩具的活用方式

密技！ 利用撕成條狀的花枝或起司讓乾飼料沾上味道

一旦持續給狗狗相同的食物，對狗狗來說價值就會下降，作為獎勵時偶爾就會沒那麼有吸引力。這種時候就可以利用撕開的花枝或起司之類有強烈氣味的食物，把它們和飼料一併放到密閉容器內，就能讓飼料沾上氣味增加吸引力，對藉由氣味而非口味來選擇食物的狗狗來說很有效。

※撕開的花枝或起司是用來增加氣味的，請不要餵給狗狗吃。

超棘手的上廁所問題

似乎有很多柴犬一定要在戶外上廁所。
我家的狗狗也不例外……
早安
小權到了晚年，才學會在室內上廁所。
有點漏出來了，不過算了。
不可以奢求太多
然後小徹也會跟著小權的尿味尿尿……
哇！
太棒了小徹!!

不過在小權往生之後，小徹又變得只願意在外面上廁所了。
嗚嗚……好冷唷！
小徹
還沒好嗎？
聞聞
聞聞
其實只要按照我的做法，就不用那麼辛苦了呀～
啊
路上小心唷～
沒、沒關係啦！
可以順便運動呀
（嘴硬逞強）
沙沙
沙沙

狗狗如廁訓練的關鍵在初期

在最開始的一個星期認真訓練的話，未來就輕鬆了

本書所介紹的如廁訓練法，是培訓導盲犬幼犬所進行的訓練法之一。而事實上經過這種如廁訓練法的狗狗們，幾乎不會有隨地大小便的情形出現。由於需要人類一直守在旁邊，因此一開始可能會比較辛苦，但最快三天、平均只要一個星期，狗狗就可以學會定點上廁所。所以只要在狗狗剛來到家裡的那段期間努力一下，之後就可以非常輕鬆了。如果不能一直守在狗狗身邊，也可以找寵物保母幫忙。

如廁訓練從第一天就要開始進行，得事先確認細節

第一天先帶著運輸籠去接狗狗，將狗狗放在運輸籠內帶回家。這個時候，請務必先向對方確認好狗狗最後一次上廁所的時間。

到家之後，先不要急著把狗狗從運輸籠放出來。很多人都會在此時犯下錯誤，一到家之後馬上就讓狗狗自由，並讓牠們在室內大小便。狗狗出籠的時機，應在距上次上廁所後三小時、狗狗已累積許多尿量之後，再將牠移動到鋪滿尿布墊的圍欄內。讓狗狗取得成功的第一次上廁所經驗，是訓練中很重要的一環。

運輸籠是狗狗能夠放鬆身心的巢穴

狗狗原本就會把狹窄陰暗的地方當作巢穴，運輸籠可說再適合不過了。由於在巢穴內上廁所會弄髒自己的身體，所以狗狗一般不會在運輸籠內上廁所。也因此只要靈活運用運輸籠與圍欄，就能順利地完成如廁訓練。

訓練期間的狗狗生活作息

START

幼犬經常都在睡覺

兩個月大的狗狗一天有$\frac{5}{6}$的時間都在睡覺，三個月大的狗狗則是有$\frac{4}{5}$的時間在睡覺。睡覺時讓狗狗待在運輸籠內牠們會比較安心。

睡覺
@運輸籠內

起床

上廁所
@圍欄內

訓練
@客廳

運動
@客廳

疲倦

距離前一次上廁所3小時之後，讓狗狗從運輸籠出來上廁所

如廁訓練基本上每3小時為1週期。狗狗可以憋尿的時間大約為「月齡+1小時」，所以兩個月大時為3小時。雖說四個月大時為5小時、五個月大時為6小時，但基本上3小時後都會累積一定的尿量。

※有關排便的訓練請參考P. 67。

給狗狗食物作為訓練時的獎勵

狗狗從圍欄出來時就是彼此互動的時機。可以和狗狗玩拉扯遊戲（P.112）或進行社會化（P.70～）的訓練，同時還要記得給予食物作為獎勵。

狗狗在房間內活動期間，請隨時看著狗狗

雖然可以讓狗狗在房間內自由活動，但只要一看到狗狗有想要上廁所的動作（不安地繞來繞去、嗅聞地面），就要立刻帶牠去狗狗廁所。同時也不可以讓牠有做壞事的機會。

讓狗狗運動一陣子後就回運輸籠

若以一天有$\frac{5}{6}$的時間在睡眠中度過來看，狗狗3小時中有2.5小時都在睡覺，在圍欄內活動的時間大約為30分鐘。過了活動時間之後，就可以讓狗狗回運輸籠內休息。

➔P.056 成為善於獎勵狗狗的飼主吧

如廁訓練 STEP1

設置好圍欄與運輸籠

運輸籠放在圍欄旁邊

為了在上廁所的時候能夠立刻引導狗狗去圍欄，運輸籠要放在圍欄旁邊。

運輸籠內不要鋪尿布墊

由於狗狗會養成在尿布墊上大小便的習慣，所以不想讓狗狗上廁所的地方就不要鋪上尿布墊。

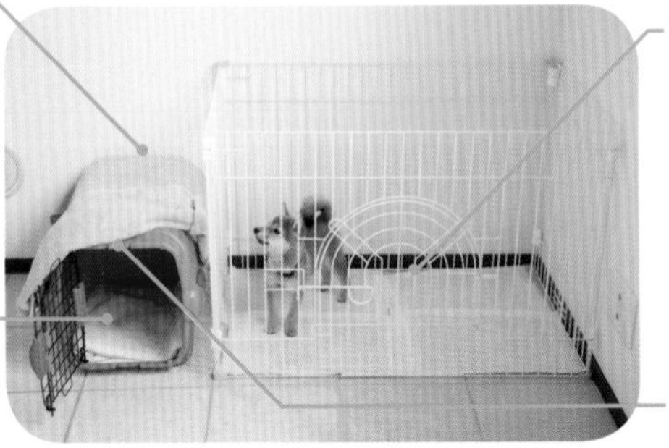

在圍欄中鋪滿尿布墊

飼養初期圍欄＝廁所，圍欄內先不要放置狗便盆，而是在地上鋪滿尿布墊。

在運輸籠外蓋上布巾

為了讓狗狗能安心睡覺，可在運輸籠外蓋上布巾，營造陰暗的環境。

1 到了狗狗尿尿的時間時把牠放入圍欄內

距離前一次上廁所 3 小時後，把狗狗放入圍欄內。如果已經累積了一定尿量，狗狗應該會立刻上廁所。

2 等狗狗尿尿後給予獎勵

如果狗狗進到圍欄內尿尿的話，就進行「有效獎勵三連發」（P. 56），稱讚牠是「乖狗狗」，同時給予食物並撫摸狗狗。

POINT

等了 1～2分鐘還沒有尿尿的話就先把狗狗帶回運輸籠

狗狗可能還沒有累積到足夠的尿量，先暫時把狗狗帶回運輸籠，等待30分鐘～1小時左右後再挑戰一次。

+α 讓狗狗學會上廁所的信號

上廁所時，對狗狗說出「one · two、one · two」之類的固定口令，狗狗就會知道這些口令代表上廁所。在遇到出門前想先讓狗狗上廁所等情況時，這種口令會很方便。

POINT

半夜也要起來一次讓狗狗上廁所

即使到了夜間，如廁訓練也要持續進行。雖然白天要每3小時訓練一次，但晚上可以讓狗狗在運輸籠內休息直到憋尿到極限時再帶狗狗出來上廁所。狗狗能夠憋尿的時間在白天雖然為「月齡+1小時」，但因為晚上周圍的刺激較少等因素，可以憋尿的時間變成「月齡+2小時」，所以晚上等到憋尿的時間到了之後，再起床一次讓狗狗上廁所。

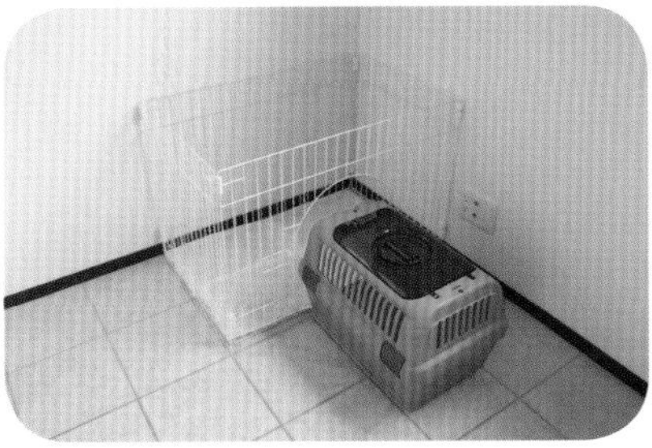

如果真的起不了床，可將運輸籠與圍欄連接在一起

還有一種將圍欄與運輸籠的出入口連接在一起的方法，雖然訓練的效果多少會有點下降，但如果是半夜起不了床，或是白天無法在狗狗預定要上廁所的時間趕回家的話，就可以利用此種方法。記得要用繩子將圍欄與運輸籠綁在一起，或是用鐵絲網、紙箱將空隙塞住，以免狗狗跑出來。

3 放出來到房間玩耍

狗狗尿尿後，就可以把狗狗從圍欄放出，進入彼此交流的時間。可以進行社會化的訓練（P. 70～）或讓狗狗玩玩具（P. 108～）。

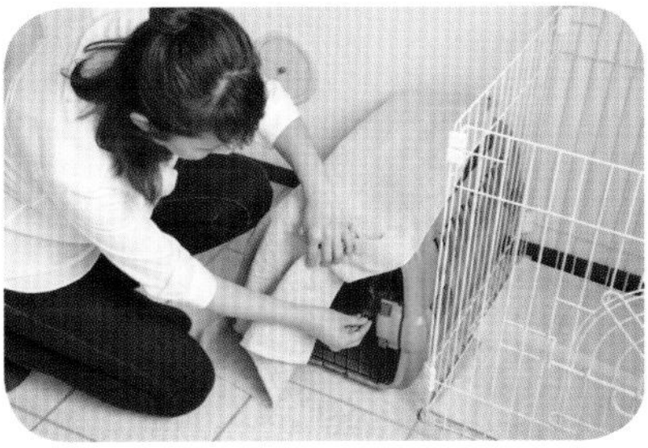

4 再次進到運輸籠內

狗狗離開圍欄活動30分鐘後，就再度進入午休的時間了。利用食物或玩具引導狗狗進入運輸籠內，籠外蓋上布巾讓狗狗休息。

POINT

在運輸籠內餵狗狗食物，讓狗狗喜歡進運輸籠

從運輸籠的縫隙放入食物，讓狗狗記得「進入運輸籠就會發生好事」。

→P.068 籠內訓練

5 重複 1 ～ 4 的訓練

如廁訓練 STEP 2

1 用食物引導狗狗

狗狗會在圍欄內尿尿之後，就可以開始教導狗狗自己走去圍欄內。首先以食物引導。當已經到了狗狗上廁所的時間時，打開運輸籠門，用手拿著食物給狗狗嗅聞，同時引導牠走去圍欄。

2 只用手引導狗狗

在利用食物反覆引導數次之後，狗狗就會學會走去圍欄這件事。接著開始不拿食物，直接以拿食物引導時相同的手勢，引導狗狗走去圍欄。

如廁訓練 STEP 3

漸漸拉開圍欄與運輸籠的距離

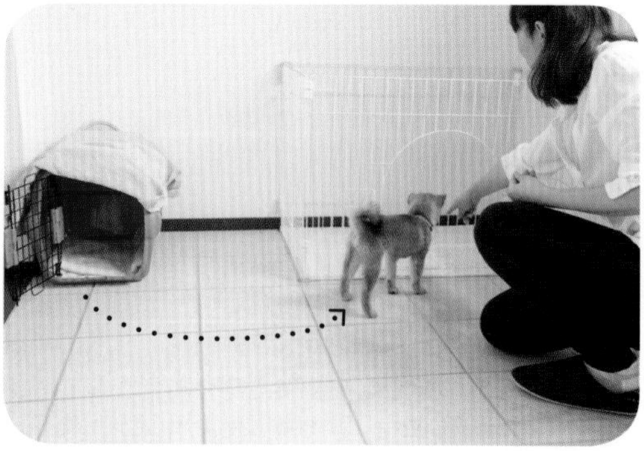

在狗狗學會走去圍欄之後，可以漸漸拉長狗狗的移動距離。將相鄰的運輸籠與圍欄稍微拉開一點，然後依照「用食物引導去圍欄→只用手引導去圍欄」的順序，成功的話就再拉開一些距離，如此反覆行之。讓狗狗不管是在房間的何處，都可以自己走去圍欄內。

✓check!

大約一星期的時間，如廁訓練就可以告一段落

訓練的進度大約為第一天只進行STEP 1，第二天就可以進入STEP 2了。快的話三天，平均一星期左右應該就能夠完成STEP 3。之後的一個月內要進行一樣的訓練，讓狗狗累積多次的成功體驗。如果在這一個月內狗狗都沒有機會在廁所以外的地方大小便的話，如廁訓練可說是完美成功了。

如廁訓練 Q&A

Q 為什麼經常會看到有人介紹在圍欄內放置廁所和狗窩的方式呢？

A 飼養在圍欄內的狗狗大多都無法做到定點上廁所

狗狗原本就有在遠離巢穴的地方上廁所的習性。而在圍欄內放置廁所與狗窩的「圍欄內飼養」，巢穴（狗窩）與上廁所的地方距離太近，不是適當的方法。即使狗狗在圍欄內不得已會去廁所排泄，一旦出來到房間時，大多數狗狗反而會四處大小便。如果沒有把巢穴與廁所分開，並教會狗狗「在想上廁所的時候走去可以上廁所的地方」，狗狗就暫時不能放出圍欄外。

Q 如何進行定點便便的訓練呢？

A 注意狗狗在房間內活動時的樣子，想便便時就移到圍欄內

狗狗通常會在尿尿後、在房間內活動的時候產生便意。這是因為身體四處活動會促進腸道的活性。等狗狗出現急躁地走來走去、嗅聞地面、在原地打轉、肛門口一張一合等現象時，就是準備要便便的徵兆了。這個時候就讓狗狗進入圍欄內排便，並在便便結束後跟成功定點尿尿一樣給予食物獎勵。

Q 半夜狗狗在運輸籠內一直哀鳴時要怎麼辦？

A 輕輕拍打運輸籠，告訴狗狗人類就陪在牠的身邊

將運輸籠放在手可以碰觸到的床邊位置，並蓋上布巾保持陰暗。當狗狗開始發出鳴叫時用手輕輕拍打運輸籠，狗狗通常就會立刻停止鳴叫，一星期內也不再半夜哀鳴。狗狗半夜發出哀鳴是因為想要讓討厭的事（心裡不安，覺得寂寞）消失而做出的行為，只要讓狗狗知道有人陪在牠的身邊就會安心了。

籠內訓練是與狗狗共同生活時不可欠缺的一環

一般的狗狗會覺得陰暗狹窄的地方很像巢穴一樣，可以安心地待在裡面。可是有些狗狗因為有過被飼主放進運輸籠當作處罰的經驗，所以反而會討厭運輸籠，這種情況請參考左邊說明的訓練方式，讓狗狗習慣運輸籠。只要能持續進行一個月，狗狗就會喜歡上運輸籠了。

讓狗狗體認到運輸籠是可以放心的巢穴，不只是為了讓如廁訓練成功，在遇到災害、旅行或住院的情況時也很受用。此外，對於預防狗狗行為問題也有幫助。

特別是狗狗年輕的時候，經常會在飼主沒注意時調皮搗蛋，為了不要讓狗狗有成功調皮搗蛋的經驗及養成習慣，讓狗狗在飼主無法陪伴的期間進入運輸籠內也是一種不錯的方法。

如何對討厭運輸籠的狗狗進行籠內訓練

1 在運輸籠內放入食物誘導狗狗進去

打開運輸籠門，在籠內丟入約10顆的飼料，誘導狗狗進到籠內。一開始狗狗可能只會把頭伸進去叼到飼料後馬上出來，但只要持續進行，之後狗狗的全身都會進去。

※如果狗狗會害怕籠門發出的喀噠聲，就把籠門取下。

2 狗狗出來之前再陸續放入食物

趁著狗狗還沒吃完籠內的飼料時，再從籠門或旁邊的縫隙連續不斷地放進約10顆飼料，狗狗就會覺得「進到裡面會有好事發生」。接著將放飼料的間隔漸漸拉長，以每分鐘為單位安靜地放完10顆飼料。

3 關上籠門，陸續放入食物

成功完成步驟 2 後，在運輸籠門關上的狀態下重複一樣的步驟。等狗狗吃完最後一顆飼料後，在狗狗吵著出門前打開籠門，並且暫時不給食物。這樣對狗狗來說，就會變成「籠門關上的時候反而有好事發生」的狀態。接著再逐漸拉長放入食物的間隔時間，間隔幾分鐘放完10顆飼料，讓狗狗逐漸習慣待在籠內的感覺。

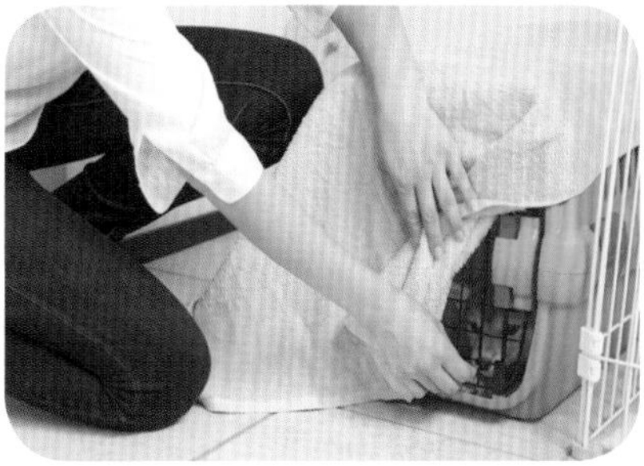

4 在運輸籠外蓋上布巾，陸續放入食物

完成步驟 3 後，接著讓狗狗習慣運輸籠外有蓋上布巾的狀態。在運輸籠有蓋布的狀態下從縫隙陸續放入食物。等狗狗吃完最後一顆飼料，在狗狗吵著出門前打開籠門並取下布巾，且暫時不給食物。這樣對狗狗來說，就會變成「籠外有蓋布的時候反而有好事發生」的狀態。

5 逐漸延長狗狗待在運輸籠內的時間

當狗狗連步驟 4 也習慣了之後，逐漸延長狗狗在這種狀態下待在籠內的時間，也就是利用拉長放入10顆飼料的間隔，進而延長時間。接下來，讓狗狗習慣「飼主不在旁邊的狀態」。飼主先放入一顆飼料然後稍微離開一下，回來時再給一顆飼料，重複相同的步驟。不久之後，即使飼主不在旁邊，狗狗也能長時間冷靜地待在運輸籠內。

+α 讓狗狗記住「回去」的信號

在誘導狗狗進入運輸籠內的時候，說出「回去」口令，之後狗狗光聽到「回去」口令就知道要進到運輸籠內。

! 無視狗狗在運輸籠哀鳴

當狗狗在運輸籠內發出嚶嚶～的哀鳴或吠叫時，放入食物或打開籠門都是錯誤的做法，這樣會讓狗狗以為「只要我叫的話，就會有好事發生」。應該要在狗狗停止鳴叫之前都不理會牠，等停下來之後再進行下一個行動。如果狗狗一直不停鳴叫且有愈叫愈兇的趨勢時，若手可以碰觸到運輸籠就輕輕拍打運輸籠，若離得比較遠時，就扔東西到運輸籠的附近，製造一個讓狗狗停下鳴叫的機會。

社會化到底是什麼意思？

最近的飼養書籍一定都會提到「社會化」這個詞耶……
這是指讓狗狗與人類親近的意思嗎？
這當然也是其中的一個意思
其他還包括讓狗狗習慣「人類的碰觸」
或是習慣「被人類抱起來」，都屬於社會化的一種唷
因為需要照顧牠們嘛！
讓狗狗習慣人類社會各式各樣的刺激也屬於社會化教育。
咻～
叮咚
汪汪
汪汪
汪汪
吵雜
吵雜
吵雜
吵雜
門鈴的聲音也是一種刺激呢

還有別讓狗狗在每次遇到別的狗狗時，一直吠叫或感到害怕，對其他同類的「社會化」也很必要呢！
你好 你好
這傢伙是什麼啊！？
牠跟你一樣都是狗狗唷……
隨便聽到一點聲音就害怕
啪嗒！
嗚嗚 嗚嗚
或是害怕人類
抖不停 抖不停
那對於天生警戒心就很強的狗狗，我們該怎麼做才好呢？
先從較低的刺激開始習慣。
例如會對門鈴聲吠叫的狗狗，就從低音量開始練習……
叮咚！
叮咚！
詳情請看下一頁的說明！
好的～

社會化＝增加狗狗對事物的接受範圍

在緊鄰著可接受範圍的邊界讓「好事」發生是成功的訣竅

狗狗不抱恐懼感的範圍是狗狗的「安全區域」，抱持著恐懼感的範圍則是「警戒區域」，而區隔兩者的就是接受範圍的「邊界線」（請參照下圖）。社會化教育成功的訣竅，就在於讓「好事」發生在緊鄰邊界線的地方。這樣一來，邊界線就會逐漸向外擴張，以這種方式逐漸擴展安全區域的範圍，就是社會化的教育。

而哪裡是狗狗接受範圍的邊界線呢？可以從狗狗的肢體語言看出，最簡單好懂的方式就是看狗狗此時願不願意吃東西。若是不願意吃東西，就表示已

擴大安全區域的範圍就是「社會化」

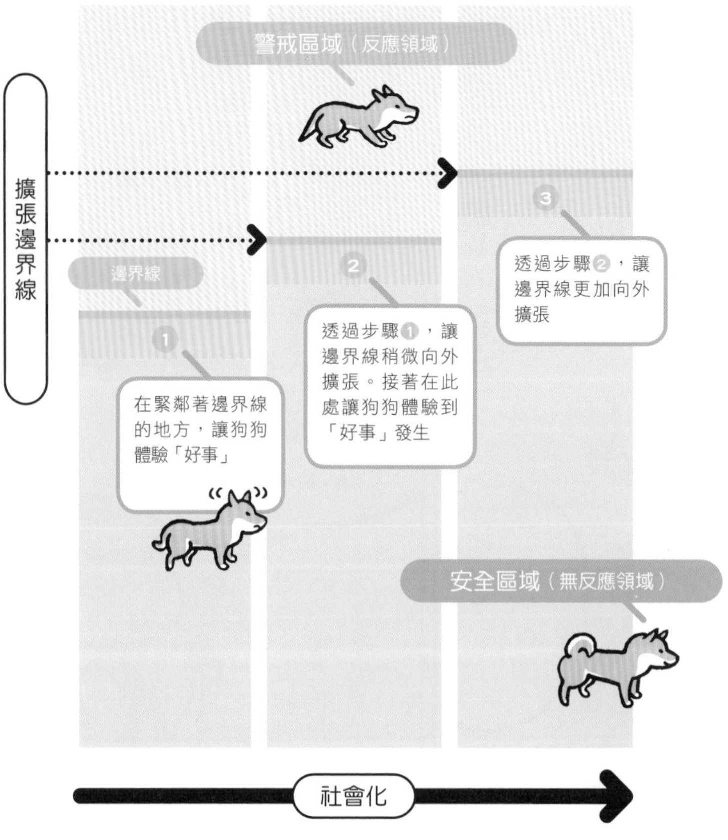

警戒區域（反應領域）
擴張邊界線
邊界線
1
在緊鄰著邊界線的地方，讓狗狗體驗「好事」
2
透過步驟1，讓邊界線稍微向外擴張。接著在此處讓狗狗體驗到「好事」發生
3
透過步驟2，讓邊界線更加向外擴張
安全區域（無反應領域）
社會化

經進入警戒區域了，因此必須讓刺激的程度下降才行。

比起讓狗狗學會聽從指令，社會化教育更為重要

在本書的第四章會介紹如何訓練狗狗在聽到「坐下」、「等等」口令時做出特定的行為。這些訓練當然會對人類與狗狗的共同生活有所幫助，不過這一章想要告訴大家的，就是社會化訓練的相對重要性。這是因為，如果狗狗不願意讓人碰觸身體或是打開嘴巴的話，我們就沒有辦法照顧牠們。

如果狗狗無法習慣其他狗狗的存在，每次散步時就會過於興奮或感受到壓力；若是無法習慣吸塵器，每次家人在用吸塵器打掃環境時，都會引發狗狗的恐懼。基於上述原因，狗狗的社會化教育必須優先進行，第四章介紹的行為訓練可以晚一點再著手也沒關係。

遺傳不能決定所有的事

例如有些狗狗擁有相對上比較容易吠叫的性格，但只要進行社會化教育，也可以轉變成「偶爾才吠叫」的程度。如果將吠叫的原因怪罪於犬種，或是「天生就有的性格」而不做任何改變，那只會養育出有行為問題的狗狗。

一旦狗狗開始吠叫就出局了

當事物進入狗狗的警戒區域後，在狗狗不願意吃東西的同時，有些還會開始激烈地吠叫。這樣一來，狗狗的體內會釋放出腎上腺素，讓接受範圍的邊界線嚴重內縮。此時要花上許多時間才能讓狗狗恢復原本的狀態，而且一旦讓身體重複釋放腎上腺素，就會變成一種慣性。所以針對狗狗討厭的事物或警戒的對象，不能一開始就靠得太近，必須一步一步讓狗狗習慣。

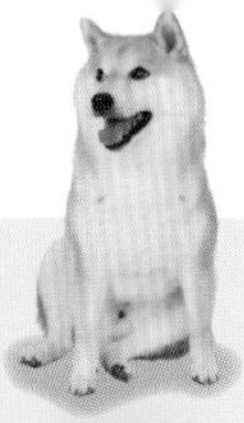

養出喜歡被人撫摸的狗狗

家犬的必修科目！教導愛犬不抗拒他人碰觸

這單元要告訴大家的，是讓狗狗願意被人碰觸全身各個部位、讓人打開牠們的嘴巴、習慣被人抱起來的方法。如果狗狗無法習慣這些事情的話，飼主就無法清潔護理牠們的身體，或觸摸全身檢查皮膚的狀況，連餵牠們吃藥都會變得很困難。長久下去，甚至會攸關到愛犬的壽命長短。

所以請大家務必從狗狗來到家裡的第一天就開始進行狗狗的社會化教育。最好可以在一天之內反覆進行好幾次訓練（趁著每次如廁訓練後，狗狗從運輸籠出來的時間）。

讓狗狗習慣抱抱

1 一把狗狗抱起來就餵牠食物

一把狗狗抱到膝蓋上就立刻給牠一顆飼料，讓狗狗覺得「抱抱＝好事發生」。

3 利用按摩讓狗狗有舒服的感覺

如果狗狗因為被碰觸而感到舒服的話，牠們就會覺得碰觸本身就是一種「好事」。可利用手指在狗狗的胸口、腋下、肩膀、腰部或肚子等部位以畫圈方式緩慢地撫摸牠們。狗狗覺得舒服的話，會表現出慵懶想睡的模樣。等狗狗習慣之後，接著再觸碰臀部、腳掌或尾巴等全身各個部位。

2 拇指伸入狗狗的項圈勾住

飼主要把單手的拇指穿進項圈內，讓狗狗想從膝蓋上跳下去也不會掉下，否則一旦真的掉下去，狗狗就會覺得「抱抱＝討厭的事」。

➔P.097 項圈的戴法

一邊讓狗狗吃KONG玩具內的零食一邊抱起牠

有些狗狗可能會不願意乖乖地讓人抱著，這個時候就可以利用KONG玩具。在把狗狗抱到膝蓋上之後就讓牠舔舐KONG玩具內的食物，讓「好事」持續性地發生。

➔P.059 KONG玩具的使用方法

狗狗的抱法與四個基本模式

1 在膝蓋上側坐

狗狗側坐在膝蓋上的狀態。飼主的單手拇指要穿過項圈，另一手則要扶著狗狗身體。這種抱法適合用在幫狗狗點眼藥水等身體護理的時候。

2 在膝蓋上仰躺

將狗狗的臀部和尾巴夾在大腿之間的抱法，適合用於按摩狗狗的肚子等動作。最好在警戒心較低的幼犬時期讓牠們習慣這種抱法。記得要把單手拇指伸進項圈內。

3 側抱

左手伸入狗狗的腋下，將狗狗抱起靠在自己的側腹部上。基本上都會讓狗狗靠在飼主的左側，適合用於飼主一邊抱著狗狗一邊走路的時候。

4 固定在大腿之間

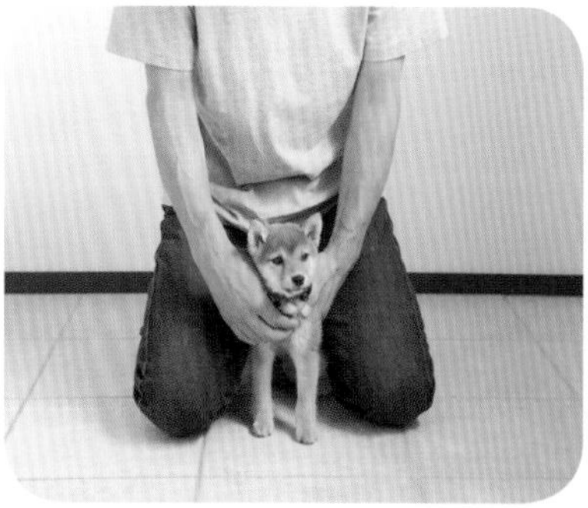

飼主以跪著的姿勢將狗狗固定在膝蓋之間，適合作為行為訓練時的保定動作，記得要將單手拇指伸入項圈內。

搬運幼犬的方法

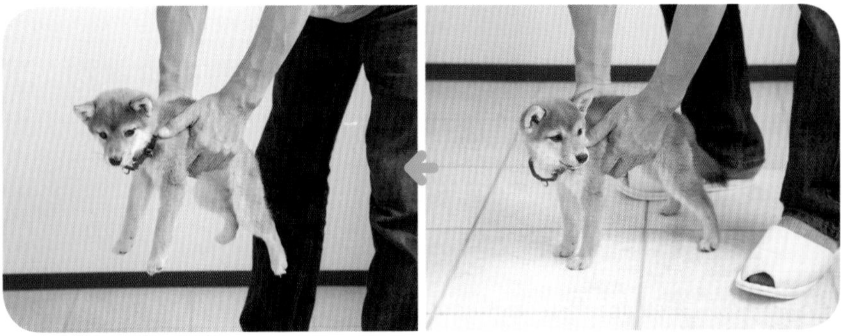

兩手伸入狗狗的腋下，在維持狗狗身體水平的情況下移動

如果沒有讓狗狗的身體保持在水平的狀態，狗狗會因為失去平衡而掙扎亂動，要特別注意。在如廁訓練（P.64）時，飼主要將狗狗抱入圍欄內之際，請用這種方式搬運狗狗。

只握住狗狗的兩隻前腳將牠抓起來會讓狗狗疼痛

這種方式會對狗狗的前腳根部造成很大的負擔而讓狗狗心生厭惡，而且有時還會讓狗狗受傷。

請特別小心！ 嚴禁對狗狗的四肢造成負擔！

有些狗狗會因為生活環境中的地板容易打滑，對腰腿造成負擔或是關節疼痛。為了避免這種情形，飼主可採取防滑措施，像在地板鋪上地毯或軟木材質的防滑墊。附帶說明一下，將狗狗飼養在圍欄內也會對腰腿造成負擔，因為狗狗很容易做出只用後腳站立的姿勢。也因為這個理由，本書並不建議將狗狗飼養在圍欄內。

➜P.204 膝關節異位

讓狗狗習慣口吻被人握住的動作

如果狗狗不習慣被人
握住口吻或是打開嘴巴
這些動作，我們就沒辦法
幫牠刷牙或餵藥了呢！

2 把手握成一圈餵狗狗吃東西

把手掌握成一圈靠近狗狗，狗狗在聞到食物的味道後就會把鼻子伸進手裡。一開始可以只餵狗狗吃東西，等狗狗漸漸習慣之後，再輕輕地握住牠的口吻。

3 在沒有食物的情況下握住口吻部

如果步驟 2 順利進行的話，就可以嘗試看看在沒有拿食物的情況下握住狗狗的口吻部位，並在握住之後給予狗狗食物獎勵。

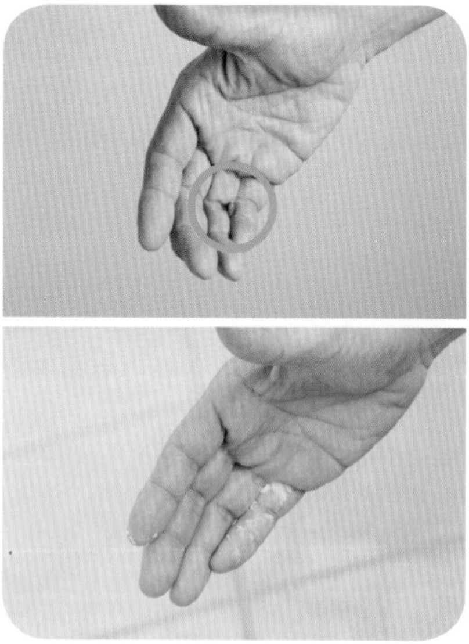

1 在小指側邊夾著一顆飼料或是抹上起司

在小指頭側邊放上食物。如果狗狗在步驟 2 中一吃到食物就想轉身離開，改用必須花時間舔食的狗狗專用起司效果更佳。

讓狗狗習慣手指伸入口腔內

（刷牙的練習）

1 在指尖塗上起司

在食指的尖端塗上狗狗專用起司或泡軟成糊狀的飼料。

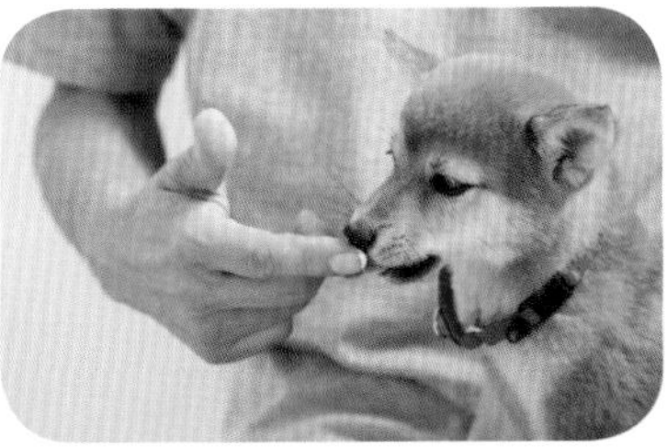

2 讓狗狗舔食起司

將食指伸到狗狗眼前，讓牠舔食。

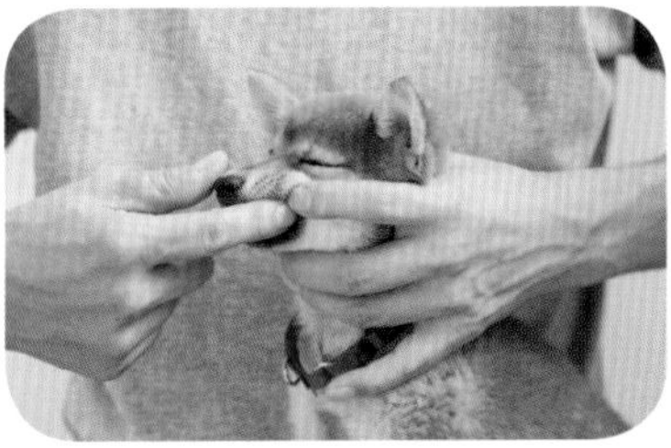

3 將手指伸入口腔內

趁著狗狗在舔食的期間，將手指伸到口腔內（牙齒與臉頰之間），觸碰狗狗的犬齒或臼齒。

➜P.197 刷牙

讓狗狗習慣嘴巴被打開的動作

（餵藥的練習）

1 讓狗狗舔食物

手上拿著一顆飼料靠近狗狗的鼻頭讓牠嗅聞和舔舐。

2 舔舐期間抓住狗狗的上顎

趁著狗狗專注在食物上的時候，用另一隻手握住狗狗的上顎。

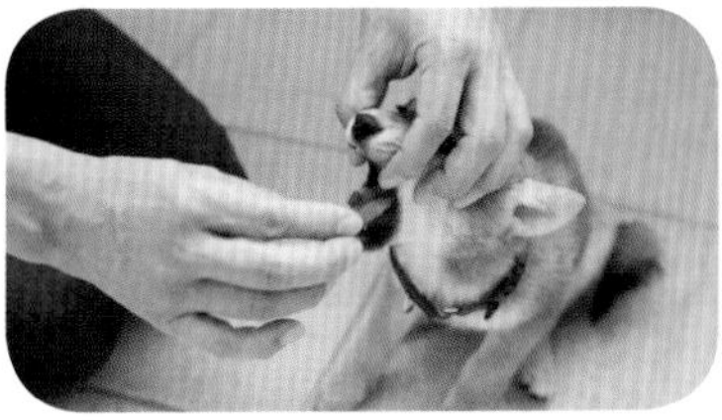

3 打開嘴巴把食物放進去

將狗狗的下顎往下扳打開嘴巴，將狗狗正在舔舐的飼料放到嘴巴深處。如果可以輕鬆打開狗狗的嘴巴，就省略步驟1，從打開嘴巴開始練習。

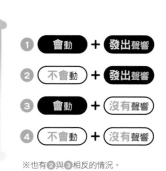

養出不會懼怕聲響的狗狗

讓狗狗習慣日常生活中各式各樣的聲響而不會感到懼怕

為了讓狗狗能融入人類社會，必須讓牠們習慣家中或街上可能發出的各種聲響。例如吸塵器的聲響，很多狗狗在聽到吸塵器刺耳的聲音，還有看著它動來動去的時候，會對著吸塵器狂吠或四處逃竄。若想要讓狗狗習慣，可先讓狗一邊聽小聲的吸塵器聲，一邊餵牠食物（好事發生）。如果狗狗對聲音沒有反應且願意吃東西，就表示這樣的音量在狗狗的安全區域內，若是不願意吃東西則表示這個音量在警戒區域，此時就應將音量調低到狗狗願意吃東西的程度。之後再漸漸調高音量讓狗狗習慣。

調整刺激的強度

對於既會發出聲音又會移動的物體，若想一次讓狗狗習慣它的聲音和動作，會因為刺激太過強烈而無法順利進行。最好分別讓狗狗習慣，之後再讓狗狗習慣一邊移動一邊發出聲響的狀態。

強

1. 會動 ＋ 發出聲響
2. 不會動 ＋ 發出聲響
3. 會動 ＋ 沒有聲響
4. 不會動 ＋ 沒有聲響

弱

※也有2與3相反的情況。

對所有案例都有效

把聲音錄下來放給狗狗聽

一邊讓狗狗聽、一邊餵牠食物，並漸漸提高音量。網路上也有開放下載專門讓狗狗去習慣聲響的音源。

如何習慣吹風機

基本上與吸塵器的情況相同。先讓狗狗習慣吹風機「不會動＋沒有聲音」的狀態，最後則是一邊用吹風機吹向狗狗，一邊餵食物給牠吃。

如何習慣汽車或機車

一邊讓狗狗看著汽機車一邊餵食。一開始讓狗狗看停止狀態的車輛，接下來則是移動狀態的車輛。如果狗狗不吃東西的話就把距離拉開。

如何習慣吸塵器

先讓狗狗習慣「不會動＋沒有聲音」的吸塵器。在電源關上的吸塵器旁灑上飼料讓狗狗吃。另外放錄下來的吸塵器聲音，讓狗狗聽習慣。

接下來是「會動＋沒有聲音」的吸塵器。在稍微移動的吸塵器旁灑上飼料或用手餵食物給狗狗吃。

在距離正在吃東西的狗狗稍遠的地方打開吸塵器的電源發出聲音。如果狗狗看起來可以接受的話，就漸漸拉近吸塵器與狗狗間的距離。最後一邊移動已打開電源的吸塵器，一邊扔飼料給狗狗吃。一開始扔比較遠，再漸漸往靠近吸塵器的地方扔。

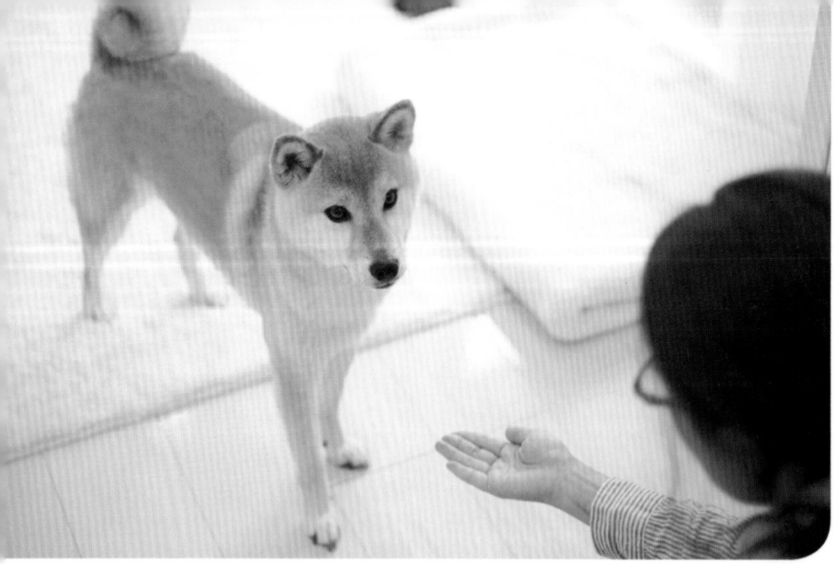

讓狗狗習慣所有的人類

請不同的人餵食物給自己的愛犬吃

在人與狗狗的共同生活中，最理想的狀態，就是可以帶著狗狗去任何地方，一同享受各式各樣有趣的事。理所當然地，各個地方都會有許多人存在。如果狗狗無法習慣飼主以外的人類，別說是出外旅遊，連平日的散步都會寸步難行。而這並非是指要讓狗狗變得特別親人，而是要讓狗狗在有他人存在的情況下也不會特別緊張或特別在意，這才是我們的目的。

如果家裡有客人來訪，可以將狗狗的食物交給對方去餵給狗狗吃。如果是在戶外，就請喜歡狗狗的人來餵食看看。凡是對著自家狗狗說「好可愛的狗狗喔」或是看著狗狗微笑的人都是機會，此時可以拜託對方：「可以麻煩您餵餵看我們家的狗狗嗎？」若能找到穿制服、老先生、老太太、長鬍子、戴帽子等不論男女老少、各種類型的人來餵食自家的狗狗就再好不過了。

由於未完成疫苗接種的幼犬還不能到外面散步，這時可以邀請友人來家裡作客。而即使是還未打完預防針的狗狗，飼主也可以抱著牠們去外面散步。希望大家不要錯過非常重要的社會化期，能夠儘量讓狗狗去習慣人類。

➔P.094 穩紮穩打地進行散步的準備工作！

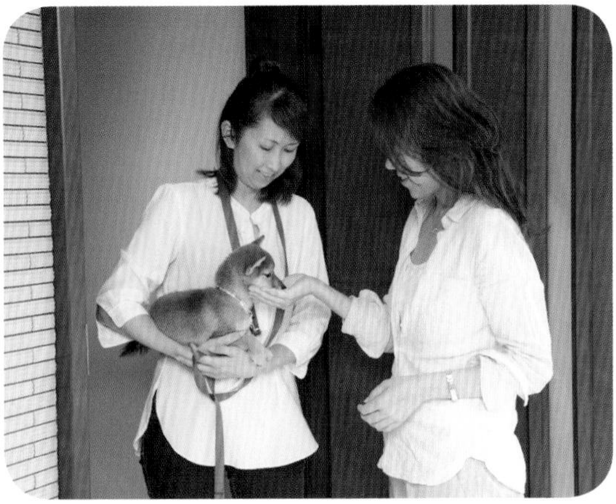

習慣人類的方法

請來到自家的訪客餵東西給狗狗吃

即使只是站在大門前、沒有進到家裡的人，也可以拜託對方幫忙，如果有隨身穿戴零食訓練袋的話，就可以馬上拿狗狗的零食給對方。

習慣人類的方法

請在戶外相遇的人餵東西給狗狗吃

將狗狗的零食交給散步途中遇到的人，請對方餵給狗狗吃。讓狗狗知道即使是陌生人也會讓「好事發生」，學到「人類並不可怕」。

出去散步的時候
也要帶著狗狗
的零食唷！

✓check!

餵食膽小狗狗的方法

有些狗狗會害怕被別人「從正面盯著看」，遇到這種情況時，可以請對方的視線不要和狗狗對上，並且站在稍遠一點的地方與飼主保持平行。首先飼主先餵狗狗吃東西，狗狗願意吃的話就請對方漸漸地拉近與狗狗的距離。直到對方靠得很近、狗狗也願意吃東西的話，就能請對方餵食。

嚼嚼
嚼嚼

讓狗狗可以與其他同類穩定相處

STEP 1

在看到別的狗狗時 餵東西給愛犬吃

平時帶狗狗出門散步的時候應該會遇到其他狗狗，不論對方是在地面上還是被人抱在身上，飼主都可以在這個時候餵東西給狗狗吃，藉此讓狗狗習慣其他同類的存在。如果愛犬因為害怕而不願吃東西的話，就拉開與對方的距離，直到愛犬願意吃為止。

在看到其他狗狗的同時
發生「好事」的話，
愛犬就會習慣囉！

趁早讓狗狗體驗到與其他同類的互動！

有很多狗狗明明自己本身也是狗，卻會對同類感到害怕。有很大的原因是由於牠們出生沒多久就被迫離開媽媽和兄弟姐妹，早期離乳、被人販賣，導致牠們缺乏與同類親密互動的經驗。

為了避免這種情況發生，狗狗在來到家中之後，要趁早進行與其他狗狗接觸的社會化教育。即使是還無法在外面行走的幼犬時期，飼主也可以抱著牠，讓牠看到其他的狗狗。另外參加幼犬聚會（P.87），或是與鄰居的狗狗在家中、庭院內一同玩耍也是不錯的方法。

不過並非單純讓狗狗們彼此一同玩耍就好了，飼主一定要如下述說明看顧整個過程。否則一旦讓愛犬有了被其他狗狗威嚇的恐怖經驗，反而會增加牠對同類的恐懼感。

STEP 2

※請選擇狗狗無法跑到車道上的中庭等安全的場所進行。
※最好在狗狗已經熟練喚回指令「過來」（P.140）之後再進行會更為安心。

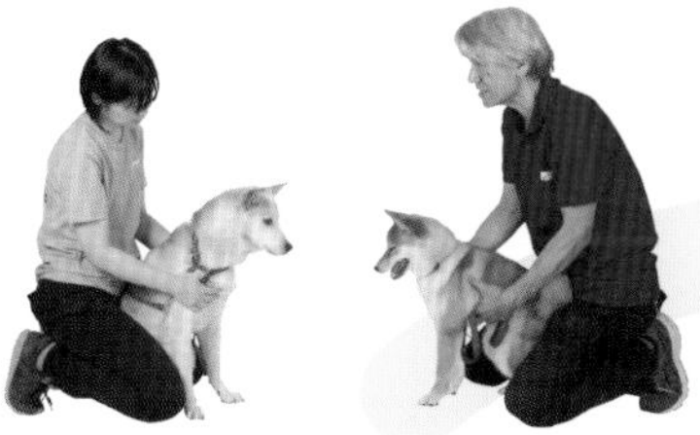

1 雙方各自抓好自己的狗狗

飼主將自家的狗狗固定在自己的大腿之間，等狗狗冷靜下來。

➔P.076 固定在大腿之間

2 讓狗狗們一起玩耍

如果雙方的狗狗都已冷靜下來，就可以放開牠們讓牠們自由玩耍。

3 將狗狗叫回自己身邊

如果狗狗變得愈來愈興奮，飼主要將狗狗叫回自己身邊並餵牠食物。如果狗狗叫了也不願意回來，就將牽繩拉短，一邊給狗狗看自己手裡握著的食物一邊離開對方的狗狗。

4 重複步驟 1 ～ 3

在進行習慣其他狗狗的社會化訓練同時，狗狗也會學到「就算正在玩耍，回到飼主身邊也會有好事發生」、「就算回到飼主身邊，等一下也可以重新開始玩耍」。

預先讓狗狗習慣穿衣服會比較放心

讓狗狗習慣穿衣服

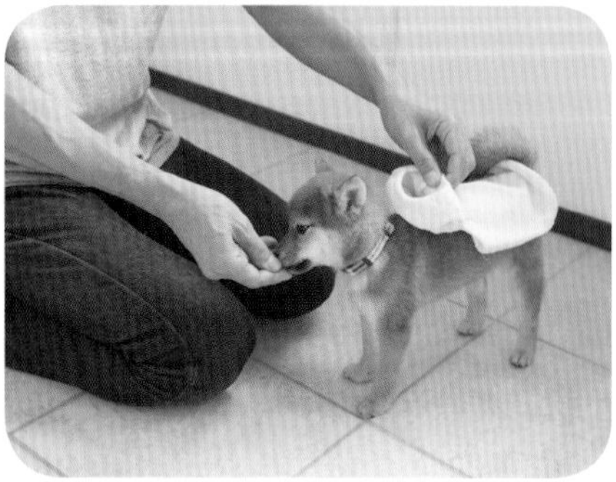

1 把衣服披在狗狗背上

考慮到狗狗未來可能會進行手術或受傷，預先讓狗狗習慣穿衣服，會比較安心。先從讓狗狗習慣衣服的存在開始。一邊讓狗狗舔著食物一邊把衣服披在狗狗身上。

2 把食物拿在衣服領口前讓狗狗舔

從領口拿出食物一邊讓狗狗舔一邊將頭穿過領口。

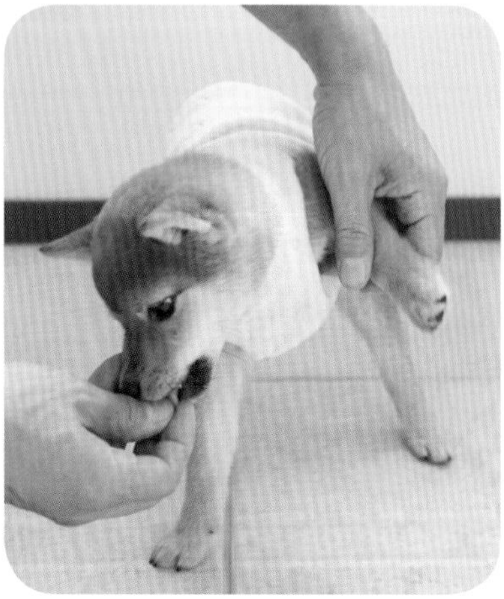

3 穿過袖口

手伸入袖口中一次拉一腳穿過袖口。兩腳都穿過袖口之後，給予食物獎勵。

參加幼犬行為課程培育狗狗的社會性

大部分行為教育課程或動物醫院都有開設以幼犬為對象的「幼犬行為課程」。這是因為要讓狗狗習慣各式各樣事物的社會化教育，或是對預防行為問題有幫助的各種訓練，在幼犬時期進行會特別有效，對於狗狗之後的生活也會帶來非常多的好處。

基於這個原因，希望大家都能找到擁有札實經驗與知識的行為教育指導師，在這裡介紹幾個如何找到優良行為教室的重點。

1 以群體課程為主體

➔私人課程無法促進狗狗對其他犬隻的社會化。

2 由行為教育指導師或寵物犬訓練師進行教學

➔家犬的基本訓練是由行為教育指導師或寵物犬訓練師進行教學，而非工作犬訓練師。不過由於其中也有透過函授或線上課程取得訓練師資格的人，所以最好還是找擁有公益社團法人認證資格的訓練師比較安心。

3 是否採用能提高狗狗自發性眼神接觸的訓練方法

➔如同P.42所說的，人與狗狗彼此都能得到幸福的必要條件就是眼神接觸。

為了確認以上幾點，最好能實地走訪教室，參觀後再做決定。建議找公益社團法人日本動物醫院協會（JAHA）認證的行為教育指導師經營的行為教室，本書監修西川文二先生主辦的Can！Do！Pet School就是其中之一。

JAHA認證家犬行為教育指導師所開設的行為教室
https://www.jaha.or.jp/owners/dog-class/

即使狗狗還未完成預防接種，但只要已注射完第二劑疫苗並經過兩個星期，仍可參加大部分的幼犬行為課程。

有些行為教室會不定期舉辦「幼犬聚會」，此時會有許多帶著幼犬的飼主參加，很適合進行讓狗狗習慣其他犬隻的社會化教育。不過如果想讓狗狗確實學會各種行為的話，還是透過幼犬課程比較有效。

我不要我不要
柴犬 大集合！

散步途中突然完全不肯動的我不要我不要柴犬們。
雖然頑固的地方也是柴犬的魅力之一，但是也差不多該走了吧？
如果不具有某種程度的耐性，可能沒辦法勝任柴犬的飼主唷⋯⋯

←↓散步途中不肯移動的奈奈，不管再怎麼拉扯、怎麼勸說牠都一動也不動。有時遇到下雨，結果就是不論飼主還是奈奈都變成落湯雞⋯⋯要到牠撐不下去了，奈奈才會願意抬起腳步移動。

↑不論再怎麼強拉牽繩也頑固地不肯移動的貝里安，這是牠每天的例行活動。

前腳

小徹的前腳
非常靈活。
開紗門太簡單了！
這樣的小徹
表達「我不要
我不要」的
姿勢是……
而且牠只要
這樣一勾，
就怎麼樣
都揮不掉，
真的很不可
思議……

這個動作感覺還蠻優雅的呢！

我不要
我不要

↑不知道是不是不想靠近海浪拍打的海岸，在沙灘上強烈抗拒前進的白柴大福。沙灘上留著牠強烈抗拒的拖拉痕跡。

我才不要
動咧！

↑像青蛙一樣四肢大開趴在地上的黑柴小猛。仔細一看，會發現牠只有眼神一直盯著這邊看。

↓→不是一直橫躺在地面上不肯動，就是把自己塞在水溝裡的小豆，下巴還剛好可以架在水溝邊上……可以不要在這種地方那麼舒爽的樣子嗎？差不多該走了吧？

↓完全抗拒下車的貝里安。明明可以自己上下車，但還是一定要等著飼主抱上抱下的撒嬌狗狗。

↑躺在遠處的白柴無垢，儘管伸縮牽繩都已經拉到底了還是完全沒有想動的意思。喂喂～你是要在哪裡躺多久啊？

③

狗狗每天的例行公事

散步與玩遊戲

任性的柴犬，理想的散步任重而道遠

狗狗都很害怕這種「不知什麼玩意」的東西呢～
就是說啊～
緊張～
昨天還沒有的郵筒
這些也全都要做社會化教育唷！
社會化教育的技巧在這裡也很有效呢！
○川○夫
○×黨
吃
吃
狗狗強拉牽繩的解決方法請看第四章喔！

穩紮穩打地進行散步的準備工作！

● 第二次預防接種
※推薦的注射時間，實際上要依個體的狀況而定。

● 第三次預防接種

兩個月大　三個月大

社會化期

飼主可以將狗狗抱在身上或乘坐推車外出散步，讓狗狗習慣屋外的氛圍

一開始可以先將狗狗抱著讓牠看看外面，或帶牠出去散步（但不要放到地面上），讓牠習慣屋外環境。

➔P.100 初期先單手抱著幼犬開始散步

第二次預防接種後兩個星期，可以找個乾淨的地方放下狗狗試試看

這個時期的狗狗已經建立起一定程度免疫力，如果該處沒有其他狗狗的排泄物，將狗狗放到地面上幾乎可以不用擔心傳染病。

➔P.102 接著，將狗狗放到地面讓牠走看看

要讓狗狗習慣戶外的各種刺激，千萬不可錯過社會化期

要將狗狗放到地面讓牠自己走路，最好是在完成預防接種、對傳染病產生免疫力之後再進行比較適合。可是到了那個時候，最適合讓狗狗習慣各種事物的社會化期就已經結束了。因此要讓狗狗習慣散步，千萬不要錯過這難得的社會化期。將幼犬接到家中後，經過數天至一個星期左右，如果幼犬已經在某種程度上習慣新環境的話，就可以開始讓牠體驗屋外的刺激，作為之後散步的預備工作。飼主可以讓狗狗透過窗戶或大門看向外面，或是抱著幼犬在外面走走，讓狗狗看看街上各式各樣的事物，進行習慣外界的社會化教育。

五個月大　四個月大

如果已經習慣散步的話

在每天的散步途中進行訓練

也可以試著在散步途中進行第四章所介紹的行為訓練。讓訓練成為任何時間、任何地點都可以進行的事，未來總有一天一定會派上用場。

➔P.134 狗狗不覺得開心就不算是訓練

在打完第三劑疫苗並經過兩個星期後，就可以讓狗狗在外面散步了！

完成預防接種之後，就可以開始讓狗狗下地面散步了。一開始先散步較短的時間，之後再逐漸拉長。

危險！

伸縮牽繩並不適合在日常生活使用

帶狗狗在街上散步時，牽繩的長度必須是能夠在緊急時刻將狗狗拉在自己身邊的長度（P. 99）。雖然伸縮牽繩鎖定之後就不會再伸長，但幾乎所有的人在突然發生緊急情況的時候都會驚慌失措而忘了要鎖定牽繩。事實上也經常發生因為牽繩過長而絆倒自行車或行人等意外或損害賠償事件。

散步的第一步是讓狗狗習慣項圈與牽繩

就算狗狗一開始討厭項圈，只要經過三十分鐘後就會習慣了

要帶狗狗散步，就一定需要項圈與牽繩。第一步先在室內讓狗狗習慣戴上項圈和牽繩的狀態吧！雖然有些狗狗可能會覺得怪異而一直掙扎，想要把項圈脫下來，但在經過大約三十分鐘之後，牠們就變得不太在意了。而為了安全起見，在狗狗習慣之前，請飼主要隨時看著狗狗。若是項圈太鬆的話，狗狗會用前腳勾住把它拿下來，所以務必要將項圈調整到剛好的長度。接著可用牽繩牽住讓狗狗走走看，或是跟狗狗玩拉扯遊戲，狗狗就會習慣了。

項圈的戴法

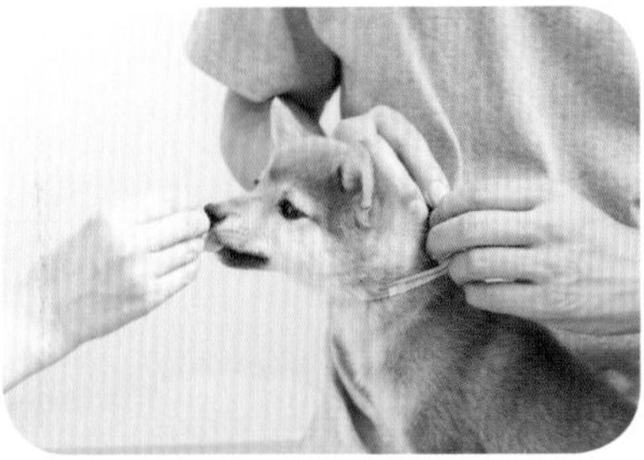

一邊餵東西給狗狗吃，一邊戴上項圈

一個人將食物伸向狗狗，另一個人趁狗狗在舔食物的期間幫狗狗戴上項圈。若只有一個人的話，可以利用放入食物的KONG玩具。

➜P.059 KONG玩具的使用方法

正確的項圈長度

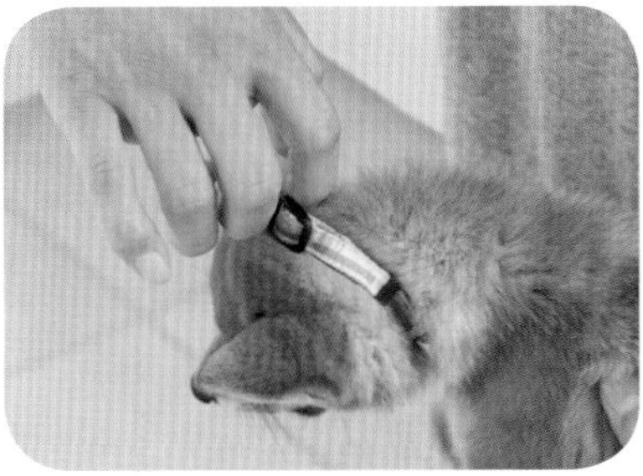

✓ 即使拉扯也脫不下來

項圈過鬆的話，遇到緊急狀況時會無法確保狗狗的安全，飼主可從狗狗的後腦部位往前拉拉看，確認項圈的緊度。

✓ 可以將拇指伸進去

項圈當然不可太緊，必須留下可以伸入一隻拇指的空間。

讓狗狗習慣項圈被抓住的感覺

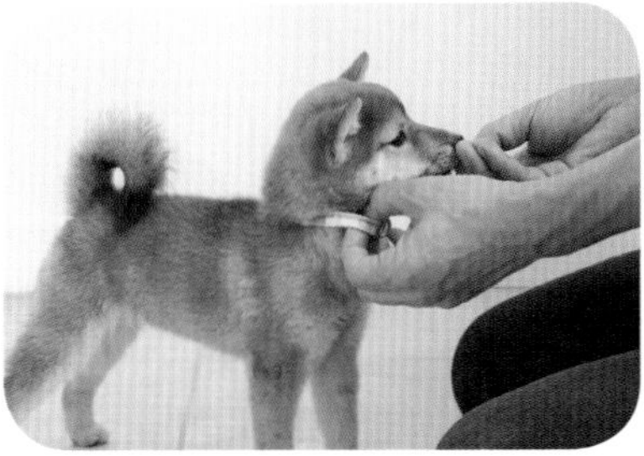

抓住狗狗的項圈並餵東西給牠吃

為了確保愛犬的安全，有很多情況必須抓住狗狗的項圈。飼主可以一邊抓住項圈一邊餵食，讓狗狗覺得會有「好事發生」而習慣這個感覺。若狗狗光是手指碰到項圈都覺得厭惡，先餵東西再抓住項圈效果會更好。等狗狗習慣之後，就在餵食的同時抓住項圈➜抓住項圈之後再餵食，以這種方式進階訓練。

讓狗狗習慣項圈與牽繩的方法

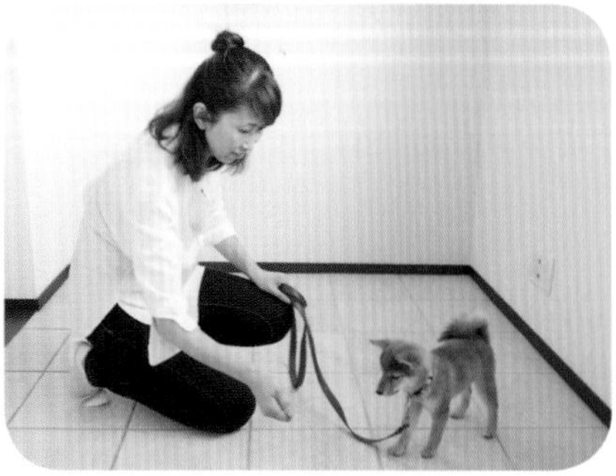

在屋內幫狗狗戴上項圈和牽繩跟牠玩耍或進行訓練

在帶去戶外散步之前，先讓狗狗在屋內習慣戴著項圈和牽繩的狀態。可以牽上牽繩帶著狗狗在屋內散步，或是跟狗狗玩拉扯遊戲，讓狗狗在這個期間內習慣。

➔P.112 拉扯遊戲

讓狗狗走在不同材質的地面上

利用「吸鐵遊戲」誘使狗狗前進

走在戶外可能會遇到各種不同材質觸感的地面，像是瓦楞紙箱、人工草皮或是鐵絲網等，所以可以先讓狗狗習慣這些材質的觸感。透過以食物誘導的「吸鐵遊戲」，讓狗狗在不同材質的地面上步行。也可以在各材質的地面上灑上飼料讓狗狗通過。

➔P.136 吸鐵遊戲

如果只在狗狗通過不同材質地面時才餵東西給牠吃，有些狗狗可能會急切地通過，所以請在各材質的地面上餵牠食物。切勿硬拉著牽繩強迫狗狗走過去。

因為狗狗
是赤腳走路，
所以對於不同的
觸感很敏感喔！

牽繩的拿法

帶狗狗外出散步時，可能會發生狗狗在路上亂撿東西吃或暴衝而發生意外。
為了保護狗狗的安全，
必須以下列的牽繩拿法牽著狗狗。

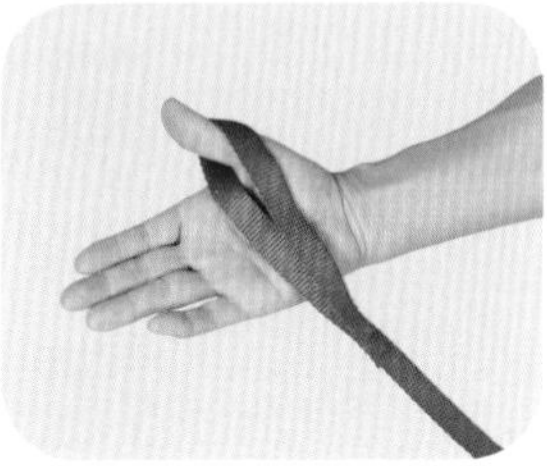

將牽繩前端的繩圈部位套在右手拇指上

牽繩的長度必須要讓飼主可以在這個狀態下輕鬆地把手伸到身後的零食訓練袋，或是用手碰觸自己的下巴做出眼神接觸的指令（P. 137）。

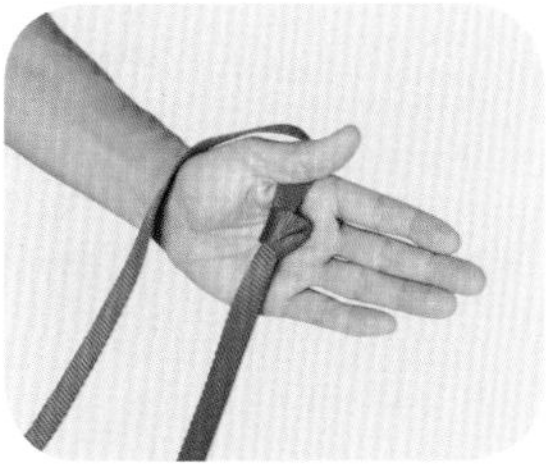

在牽繩上打一個結用左手握住

將手肘彎成直角時，牽繩呈現拉直狀態的長度處（如右下圖）打一個結，作為左手握住位置的記號。這個打結的位置稱為牽繩的「安全握點」。

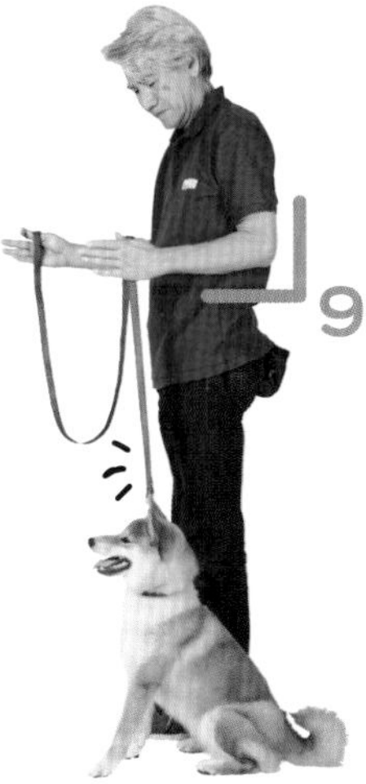

將手肘呈直角狀，牽繩呈現拉直狀態的長度

將左手手肘彎成直角時，與狗狗間的牽繩呈現拉直狀態的地方用左手握住。左手下垂時就會如同上圖一樣，牽繩呈現鬆弛狀，是可以讓狗狗覺得放鬆的狀態。

大家知道嗎？

將狗狗牽在身體左側的原因

將狗狗牽在飼主的左側，是過去獵犬或軍用犬的習慣。雖然現代的飼主想把狗狗牽在哪一側都沒關係，但若是能將左側作為事先決定好的共同規則，當飼主與飼主擦身而過時，就可以各自保持自家狗狗與對方之間的距離，防止狗狗之間發生糾紛（P. 145）。

初期先單手抱著幼犬開始散步

STEP
1

在家中讓狗狗看向戶外

將狗狗側抱（P.76）在身上，透過窗戶或大門看向戶外。狗狗容易被會動的物體吸引，所以每次在有行人或自行車、汽車通過時，餵食物給狗狗吃。

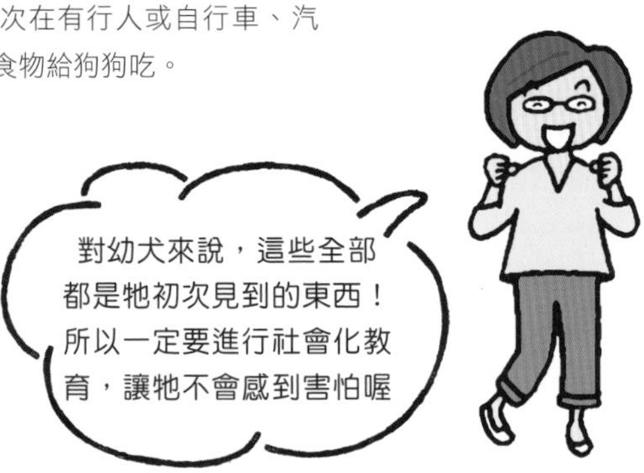
對幼犬來說，這些全部都是牠初次見到的東西！所以一定要進行社會化教育，讓牠不會感到害怕喔

在狗狗看著屋外各式各樣事物的同時，餵食物給牠吃

與家人單獨在家時不同，屋外有路過的行人、散步的狗狗、行駛的車輛等大量的刺激，所以必須對狗狗進行社會化教育，讓牠習慣各式各樣的事物。

比起靜止不動的海報，會動的汽車等事物的刺激更為強烈。一開始可以在距離稍遠一點的地方看著這些事物並餵東西給狗狗吃，然後一邊觀察狗狗的情況一邊慢慢靠近。靜止的物品可以在靠近之後輕敲發出聲音，等狗狗發現它們的存在後再餵食。讓街上再也不存在狗狗「沒見過的恐怖事物」。

STEP 2

POINT

手指要扣著項圈及牽繩避免狗狗掉落

如果不小心讓狗狗掉下來的話，狗狗會因為害怕以至於社會化的程度倒退。雖然餵食的時候右手會離開狗狗，但這個時候左手如果有事先扣住項圈與牽繩的話，就會比較放心。

對人類來說，
有時候也會害怕
不可思議的事物呀

抱著狗狗在戶外散步

在尚未完成預防接種的程序之前，為了防範傳染病，不能把幼犬放到地面走路，這個時期可以將狗狗側抱（P.76）在身邊或是放在斜背包裡外出散步。一開始先限定住家周圍的環境，接下來再漸漸移往十字路口、商店街、車站前等刺激強烈的地方。在狗狗看著各式各樣的事物同時餵食，讓牠習慣戶外環境。

各式各樣的刺激

郵筒或旗幟

遇到靜止的郵筒或自動販賣機時，輕輕地敲打發出聲音，等狗狗發現後餵食。旗幟則等到它被風吹動發出啪嗒啪嗒的聲音時再對狗狗餵食，告訴狗狗這些東西並不恐怖。

擁擠的人群

商店街上會聽到播放的音樂還有大聲推銷的店員，刺激強烈，建議在習慣安靜的街道之後再進行嘗試。偶爾在店家門口停下並餵東西給狗狗吃。

其他狗狗、其他人類

請路上相遇的人餵東西給狗狗吃會很有效。如果散步途中遇到其他狗狗，就在看到同類的同時餵食。

→P.082 讓狗狗習慣所有的人類
→P.084 讓狗狗可以與其他同類穩定相處

接著，將狗狗放到地面讓牠走看看

每天帶狗狗散步發洩精力和壓力

在打完第二劑疫苗並經過兩個星期後，幼犬的免疫力就已經提高到一定程度，這時可以選擇戶外乾淨的地方偶爾讓幼犬到地面走走看。等到第三劑疫苗打完並經過兩個星期後，狗狗就已建立起足夠的免疫力，此時讓牠在地面上走也沒關係。

散步最大的目的，是讓狗狗發洩精力和壓力，就像人類也會讓調皮的孩子去運動來放電一樣。因此愈是調皮的狗狗，就愈要增加散步和玩耍的時間。如果沒有給牠們發洩的地方，可能會導致狗狗出現行為問題。

無須特別固定每天的散步時間，如果飼主想要兼顧自己運動的話，可以試著走大約一萬步左右，距離約為六公里、時間約需一個半小時。當然也可以散步更長的時間，不過如果覺得走路太辛苦的話，也可以改為在室內遊戲讓狗狗達到運動的效果。

不過室內遊戲無法得到「社會化的刺激」，外出散步則能夠感受到風景的變化、街上每天不同的氣味和風吹的感覺，給予腦部更良性的刺激。因此即使狗狗年紀大了，最好也要持續地帶牠外出散步。

打完第二劑疫苗的兩星期後

選擇乾淨的地方讓狗狗下地面走走

抱著狗狗外出散步增加狗狗對戶外的社會化後（P.101），可以選擇乾淨比較沒有傳染病風險的地方，偶爾放下狗狗試著讓牠走走看，這是為了讓牠習慣地面的觸感。放到地面後，記得餵食物給狗狗。儘量避免電線桿或草叢，因為可能會有其他狗狗的排泄物。也可以試著讓狗狗接觸人孔蓋、石頭階梯、石板地等不同觸感的地面，陪牠玩「吸鐵遊戲」的同時誘使狗狗走過吧。

➔P.136 吸鐵遊戲

讓狗狗習慣各種觸感的地面

人孔蓋

石階

石板地

打完第三劑疫苗的兩星期後

讓狗狗走在各式各樣的場所

打完第三劑疫苗並經過兩個星期以後，疫苗接種就告一段落，也終於可以用牽繩帶著狗狗散步了。一開始就進行長距離的散步有時會對狗狗的肉墊造成傷害，因此第一天大約散步10分鐘就可以告一段落，之後再逐漸拉長距離。如果狗狗過於緊張而不願意走路時，千萬不可用牽繩硬拉著牠走路，而是回到抱著牠散步的步驟讓牠習慣。

回家之後，要擦完身體才算完成散步

讓狗狗習慣毛巾或溼紙巾

1 讓狗狗看摺疊好的小毛巾，同時拿食物給牠吃

散步之後，接著要讓狗狗習慣擦身體的動作了。有些狗狗在毛巾或溼紙巾晃動的時候會很興奮，所以一開始要先把毛巾折小後拿在左手，然後讓狗狗看著，同時餵食牠。

2 漸漸把毛巾展開變大同時餵食物給狗狗吃

將摺疊後的毛巾逐漸展開，並和步驟1一樣在狗狗看著毛巾的同時餵牠吃東西。

3 在餵東西給狗狗吃的同時將毛巾披在牠的背上

趁著狗狗在舔食的時候，試著將毛巾披在牠身上，如果狗狗看起來可以接受的話，就試著稍微移動一下毛巾。

利用 KONG 玩具幫狗狗擦身體

將KONG玩具卡在圍欄上

在圍欄的欄杆間，將塞了食物的KONG玩具卡在狗狗鼻頭的高度，趁狗狗舔食的期間幫牠擦拭四肢或身體。狗狗身體的方向適合用來擦拭後腳和幫牠梳毛。

將KONG玩具夾在膝蓋間

將塞了食物的KONG玩具夾在膝蓋之間，趁狗狗舔食的期間幫牠擦拭身體。因為狗狗的臉會朝向飼主，還可以幫牠擦去眼屎和清理前腳。

傷腦筋！

對於擦腳會生氣的柴犬，可試著讓牠走在毛巾上

如果沒有進行這樣的社會化教育並在過了社會化期之後，有些狗狗在飼主要幫牠擦腳的時候會開口想要咬人。面對這樣的狗狗，先暫時不要幫牠擦腳，可以在散步之後，讓牠走過浸了除菌劑的毛巾或是灑了薄薄一層除菌劑的狗便盆後再進入家中。之後再慢慢讓牠習慣腳被碰觸的感覺。

➔P.074 養出喜歡被人撫摸的狗狗

用腳踩著KONG玩具

將塞了食物的KONG玩具踩在腳下，趁狗狗舔食的期間幫牠清理後腳和背部。

只要擁有一個KONG
玩具，在幫狗狗清潔護理
身體時會很方便唷！

➔P.059 KONG玩具的使用方法

帶狗狗散步應有的「公德心」

嚴禁在公共場所留下狗狗的排泄物汙染環境

「散步並不等於上廁所的時間」，其實以現代禮儀來說，狗狗應該在散步之前就上完廁所最為理想。如果讓狗狗學會「散步＝上廁所的時間」，當牠因為高齡而頻尿的時候，每天就不得不帶牠出門好幾次，對飼主來說也是一種負擔，因此，請務必讓狗狗學會在室內上廁所。

儘管如此，習慣做記號的狗狗到了戶外還是會想要上廁所。這時一定要避開其他人的住家前和店門口，並且務必要把排泄物清理乾淨。

請記住有些人真的不喜歡狗狗

散步途中，如果能遇到喜歡狗狗的友善人士，為了狗狗的社會化教育，請對方餵東西給狗狗吃或是摸摸狗狗當然再好不過了（P.82）。可是這個世界上並非每個人都喜歡狗狗，有的人光是狗狗靠近就會感到害怕，也有人會對動物過敏。因此希望大家不要讓狗狗養成喜歡自己去靠近行人或是撲向別人的習慣，尤其這還可能害別人跌倒受傷，所以請記得要透過訓練來解決狗狗的行為問題。另外，如果道路比較狹窄，飼主也應該走在狗狗與其他行人之間，以免造成問題。

➜P.162 撲人行為

✓check!

不要將狗狗拴在店外

在日本，將狗狗拴在店外，自己進店買東西是違法的，既會給出入店家的其他客人造成困擾，愛犬還可能被不明人士帶走……安全起見還是別這麼做吧。

散步時的樣子

散步時隨身攜帶的物品

將攜帶的物品放入背包或腰包內，避免占用雙手。

✓ 撿便袋
✓ 衛生紙

將狗狗的糞便清理乾淨是飼主的責任，出門時請不要忘記攜帶。

✓ 消臭禮貌包

可將狗便便的氣味包在裡面不外露，散步時能攜帶的話會更好。

✓ 水

可用來沖洗狗尿，且狗狗口渴時也可以喝，是必須攜帶的物品。

確實拿好牽繩

為了狗狗的安全，也為了不為他人造成困擾，請確實拿好牽繩。街道中也請不要使用過長的牽繩或伸縮牽繩。

➜P.099 牽繩的拿法

狗狗的項圈上要繫掛登記證明牌與狂犬病預防接種證明牌※

日本法律規定狗狗的項圈上必須繫掛登記證明牌與狂犬病預防接種證明牌，萬一狗狗走失時，也可以透過登記證名牌上的號碼查詢飼主的身分。

※譯注：臺灣規定犬貓出入公共場所必須繫掛當年度的預防接種證明頸牌。

✓ 乾飼料

在戶外進行社會化教育使用。

✓ 零食訓練袋

事先掛在腰上可立刻取出乾飼料餵給狗狗吃。

➜P.058 零食的取出法

將狗狗的尿液沖乾淨

儘量讓狗狗在道路旁的溝渠或排水溝附近尿尿，結束之後要用水沖洗乾淨。

將狗便便帶回家丟掉

用衛生紙抓起丟入撿便袋中，或利用尿布墊、報紙在狗狗便便時放在下面接住也很不錯。

玩遊戲果然是要有訣竅的

和柴犬玩遊戲，需要消耗非常多的體力。
扯～ 扯～
拉扯遊戲
出去
咬回來
可是不肯鬆口
你不放下的話我就沒辦法再丟出去了啊！
給我 給我
吼～ 吼～ 吼～
請等一下～～
不可以硬把玩具搶回來喔！
老師～
每次玩到後來都會變成這樣

如果硬是搶奪狗狗嘴裡咬著的東西，狗狗可能會為了反抗而咬妳的手……
有時候還可能為了不被搶走而把東西直接吞下肚唷！
唔嗯……
那我該怎麼辦才好呢
這時候就要給牠其他的「好事」
看
餵東西給牠吃的話，嘴巴就會鬆開，自然就會把玩具放下來了
原來要用食物跟牠交換玩具啊！
還有，如果讓狗狗興奮到對食物失去興趣的話，就表示玩得太過頭了……
吼ㄦ
吼ㄦ
等牠變成野獸狀態後，我們就拿牠沒辦法囉
請參考這個曲線，在狗狗興奮過頭之前讓牠冷靜下來唷！！
野獸狀態區域
（和狗狗玩遊戲時，不要讓牠超過這條線）
興奮程度
出現低吼、將玩具撕碎等行為是興奮行動
利用坐下等指令讓狗狗冷靜下來
遊戲的時間

拿捏好興奮與冷靜之間的分寸

如果狗狗看起來快要興奮過頭時，先暫時讓牠冷靜下來

和散步一樣，玩遊戲是狗狗能夠發洩精力的時刻，也是飼主與狗狗快樂互動的時光。然而有不少狗狗玩遊戲玩到興奮過頭時，會去咬飼主的手。

為了避免這種情況發生，必須在狗狗興奮過頭前讓牠冷靜下來。否則一旦狗狗過於興奮，超過一定的限度，就會轉變成飼主束手無策的「野獸狀態」，還有可能完全無法冷靜下來。飼主平時跟狗狗玩遊戲時，要在狗狗興奮到容許極限之前，誘導狗狗放下玩具，暫時先中斷遊戲。當狗狗發出低吼聲、不斷用力拉扯著玩具、咬著玩具狂甩頭等行為，就是該中斷遊戲的徵兆了。等狗狗冷靜下來之後，再重新開始遊戲，反覆進行這種過程，直到狗狗的精力發洩夠了為止（P.109之圖表）。

只要飼主能夠順利地控制狗狗的興奮程度，就可以立刻讓狗狗從興奮狀態冷靜下來。而且「雖然遊戲被暫時停止了，但等一下又會重新開始」的模式，也可以讓狗狗學習到「即使我把玩具放下，也不代表開心的遊戲就此結束了」，狗狗對於東西的執著程度也會下降。如果可以再教狗狗學會「給我」口令，在牠咬到危險的東西等緊急時刻也能派上用場。

遊戲的心得

心得 1

剛開始讓狗狗繫著牽繩玩遊戲

如果狗狗沒繫著牽繩玩遊戲的話，當狗狗離開飼主身邊的時候，就會演變成人去追狗狗的形式，這麼一來，狗狗覺得「玩耍＝追逐遊戲」，就會想要咬著玩具逃離飼主身邊。

心得 2

在狗狗感到厭煩之前停下遊戲

結束時有點意猶未盡的感覺，會讓下一次遊戲變得更開心。如果讓狗狗玩遊戲玩到厭煩，下次飼主想再跟牠玩時，狗狗可能會有「又是那個無趣遊戲」的心態而拒絕玩耍。

心得 3

非遊戲時間時要收好玩具

平時要收好玩具，只有在玩遊戲的時間才拿出來。如果把玩具隨意放置在房間內讓狗狗想玩的時候隨時可以玩，狗狗就會覺得「飼主不在時我也可以玩得很開心」。而最理想的心態應該是「飼主不在的話，我就玩不到我最喜歡的玩具了」。

和狗狗玩拉扯遊戲

滿足狗狗啃咬欲望的拉扯遊戲，是陪狗狗玩耍時的基本項目。
如果能再教狗狗學會「給我」口令，未來在很多情況都能派上用場。

STEP 1

1 讓狗狗注視著玩具

狗狗如果呈坐姿且表現出冷靜的樣子，就可以開始了。

2 移動玩具讓狗狗開始玩耍

說出「開始」口令後移動玩具來吸引狗狗，狗狗咬住玩具後開始與牠玩拉扯遊戲。移動的方式也要多花點心思，例如突然停止或是把玩具藏在背後。

3 如果狗狗愈來愈興奮，就先暫停遊戲讓牠冷靜下來

當發現狗狗發出低吼聲、不斷用力拉扯著玩具、咬著玩具頭左右甩來甩去等現象時，就是牠非常興奮的徵兆。此時應讓牠冷靜下來，從零食訓練袋中拿出食物，握在手裡靠近狗狗的鼻頭讓牠嗅聞。

4 用食物和狗狗交換玩具

狗狗會因為想吃食物而鬆開嘴巴，所以可以用食物和牠交換玩具。等狗狗不再撲向玩具並可以保持在冷靜狀態之後，再重新開始玩遊戲。重複1～4的步驟，並在狗狗玩膩了之前結束遊戲。

配合口令一起訓練

STEP 2

在進行多次STEP1讓狗狗願意乾脆地放下玩具之後，飼主可以手握著食物靠近狗狗面前並說出「給我」口令，不久之後，狗狗聽到「給我」口令就會把玩具放下來了。

狗狗在學會「給我」口令之後，就會把飼主丟出去的玩具撿回來給飼主了。

在只有狗狗在家時很有用 — 能夠獨自遊玩的玩具

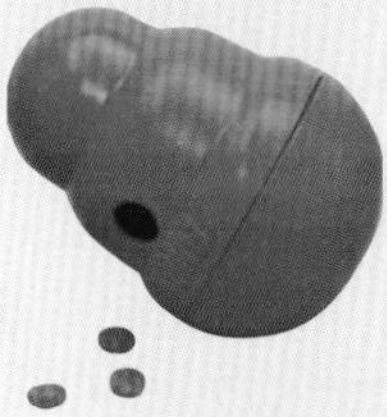

KONG不倒翁漏食益智玩具

可以站立起來搖來搖去的玩具，在狗狗滾動它時，放在裡面的食物會一顆一顆掉出來讓狗狗邊吃邊玩。

KONG玩具

由強韌耐用的天然橡膠製造、裡面可以塞入食物的玩具。狗狗在玩的時候可以啃咬或舔舐裡面的零食。

→P.059 KONG玩具的使用方式

零食拉繩瓶（Tug-A-Jug）

只要順利滾動，裡面的食物就會掉出來的益智玩具，讓狗狗思考怎麼樣才能把食物弄出來，一邊動腦一邊玩耍。

和柴犬快樂地出遊

偶爾也想跟狗狗一起出遠門呢。
找個寵物咖啡廳
或是在廣大的狗狗遊戲運動場讓牠們盡情奔跑
想吃什麼啊？
興奮不已
LUNCH
狗狗專用菜單
帶著小權和小徹去兩天一夜的旅行。還有享受烤肉的樂趣！
再等一下下喔～
一定要做好萬全的事前準備工作。
小徹容易暈車，所以每隔一個小時就要休息一下
哈啊
哈啊
MAP
那我們早一點出發吧！

為了讓牠們能安心睡覺，要把平常睡覺用的床都帶著。
呼～
如果不小心隨地大小便的話，也要有可以立刻清理乾淨的工具。
消臭噴霧
尿布墊
抹布
平常吃的狗食還有在用的狗碗也都要帶去。
零食
將狗食分裝成小袋
如果只把狗狗留在房間裡，牠們會叫個不停的話……
可能必須兩個人輪流去旅館的餐廳吃飯
安靜～
或是去外面買東西回房間吃？
便利商店
也要有這樣的心理準備。
還必須特別小心不能讓狗狗溜走或與其他狗狗吵架
302
301
汪
汪
汪
嗯……
雖然也有累人的地方，但我們玩得很開心唷！

讓狗狗習慣搭車的方法

1 習慣汽車的聲音

習慣聲響的方法就如P.80所述，將車子引擎的聲音和行駛中的聲響錄下來放給狗狗聽。

➜P.080 養出不會懼怕聲響的狗狗

2 在尚未發動引擎的車內進行籠內訓練

讓狗狗進入運輸籠乘坐汽車。根據P. 68的要領進行籠內訓練。

➜P.068 籠內訓練

3 在發動引擎的車內進行籠內訓練

如果狗狗在2的狀態下能夠乖巧地待在籠內，可發動汽車的引擎並在停止的狀態下進行同樣的籠內訓練。

4 行駛汽車

如果狗狗在3的狀態下能夠乖巧地待在籠內，可試著實際開車，一開始先行駛短距離，再逐漸拉長。如果狗狗搭車30分鐘都沒有出現暈車的現象，應該就不用擔心暈車的問題了。

狗狗搭車時的注意事項

不要讓狗狗直接坐在座位上

不使用運輸籠而是讓狗狗直接坐在座位上，或是由人抱著狗狗搭車，都是很危險的行為。除了可能因為危險駕駛違反道路交通法規而受罰，最壞的情況甚至可能因為緊急煞車讓狗狗撞上擋風玻璃而死亡。請務必讓狗狗進入運輸籠內，並繫上安全帶固定。

大家知道嗎？

有些租賃汽車或計程車不讓狗狗搭乘

有些租車公司並不允許寵物一同搭車，就算可以一同搭車，也規定寵物一定要放在運輸籠內不可出來，所以大家在預約時一定要事先確認。雖然計程車幾乎都允許寵物共乘，但有些情況下還是依司機為主，所以在搭車時記得要跟司機確認喔！

TAXI

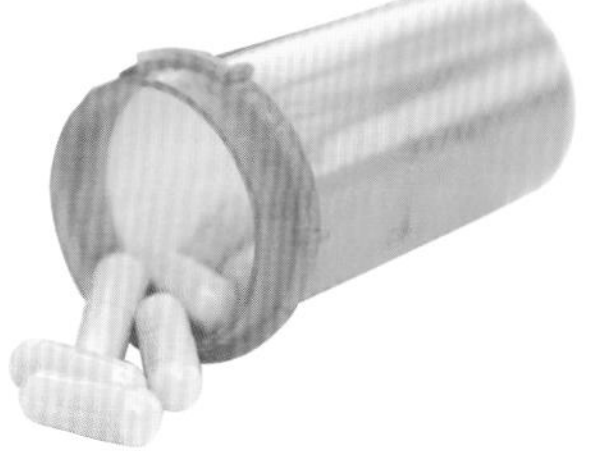

準備暈車藥

如果狗狗容易暈車，就要事先讓牠吃暈車藥，儘量不要讓牠有嘔吐的經驗。這一點非常重要，否則狗狗在嘔吐過幾次之後，會把搭車和不好的印象連接在一起。順帶一提，在幼犬時期會暈車的狗狗，大部分在長大之後都不會暈車了。

不可以把狗狗單獨留在車內

盛夏季節車內空調只要關掉15分鐘，車內溫度就會上升到危險的程度。而即使是春季或秋季，天氣溫暖時也千萬不可大意。

狗狗在車內
很容易中暑，
請務必多加小心

在戶外還可以享受這樣的悠閒時光！

在飼養狗狗的生活中，一起享受戶外活動也是絕妙的樂趣之一！
看著愛犬在廣大空間盡情奔跑的姿態，真的是一件讓人非常開心的事。
最近也有許多旅館允許飼主和狗狗一起住宿，
讓我們以不論去哪裡都可以一同出門的柴犬生活為目標吧！

※伸縮牽繩可能會對周圍的人造成困擾或是讓狗狗有機會亂撿東西吃，使用上要特別小心。

原野

我最喜歡玩
飛盤了！

狗聚
全員集合！

船上
怎麼動得
那麼快啊～

狗狗精通「過來」口令之後就可以去狗狗遊戲區玩耍囉！

建議選擇可以包場的狗狗遊戲區

狗狗不用繫牽繩就可以在廣大的空間盡情奔跑，狗狗遊戲區就是如此寶貴的場所。不過，由於遊戲區內也會有不特定多數的狗狗聚集，對狗狗來說，也是可能發生打架或咬傷意外的危險場所。在歐美等寵物先進國家，會要求狗狗必須能確實做到喚回指令（過來）才可以入場，但在日本的狗狗遊戲區則沒有這種規定，而且即使狗狗之間發生糾紛也不具有制止的能力，這就是本書希望大家至少要先讓愛犬學會「過來」（P.140）口令的原因。

而要避免這種危險的狀況還有一種方法，那就是選擇可以包場的狗狗遊戲區。雖然費用不低，但能選擇能以小時為單位進行包場的地方，邀請相處融洽的狗狗同伴同樂也很不賴。

把討厭其他狗狗的愛犬帶去遊戲區只會有反效果

有些飼主為了要改善自家狗狗討厭同類的問題，會帶著牠們去狗狗遊戲區，可是把討厭同類的狗狗放入狗狗遊戲區內，只會讓愛犬的厭惡感變本加厲而已。要對自家狗狗進行習慣同類存在的社會化教育，必須在飼主能控制狗狗的狀態下才能進行，這是絕對的鐵則。

大家或許會覺得有點意外，不過家犬其實並不需要和其他狗狗相處融洽。雖然狗狗必須要有足夠的社會化來面對其他同類，但這是為了讓狗狗在路上遇到其他犬隻時不會感到恐懼和壓力。家犬只要能跟飼主盡情開心地玩遊戲就會覺得很幸福了，即使無法與其他狗狗玩在一起也沒關係。請徹底捨棄「不讓狗狗們一起玩耍的話感覺會很可憐」這種先入為主的想法。

↓P.84 讓狗狗可以與其他同類穩定相處

去狗狗遊戲區時應注意的事項

☑ 請勿在狗狗發情中或罹患傳染病時帶去

現場如果有發情的母犬時，公犬會很興奮，而且會與其他公犬發生糾紛，甚至可能與陌生的母犬交配，有時還可能導致對方懷孕。從母犬發情開始出血後的4星期內，都請避免帶牠去狗狗遊戲區。

此外，如果帶著患有傳染病的狗狗去大量狗狗聚集的場所，可能會導致疾病擴散，因此在狗狗完全痊癒之前請不要前往。

☑ 入場前請先讓狗狗上完廁所

為了不讓狗狗在遊戲區內上廁所，請在狗狗上完廁所後再帶牠們入場。如果真的在遊戲區內大小便的話，也請儘快處理乾淨。

☑ 視線不要離開狗狗

為了在發生問題時能立刻處理，飼主必須隨時看好自己的愛犬。請不要忙著跟別人聊天或沉迷於手機中唷！

☑ 請遵守遊戲區對狗狗玩具的規定

為了避免狗狗之間發生糾紛，有些遊戲區會禁止攜帶玩具進入，或著會限定玩具的種類。

☑ 請遵守遊戲區的飲食規定

為了避免狗狗之間發生糾紛，幾乎所有的狗狗遊戲區都禁止攜帶食物入內，人類的食物也不行哦！

試著帶狗狗去寵物咖啡廳

是否能享受快樂的午茶時光 端看愛犬訓練的程度

最近允許愛犬一起進入的狗狗咖啡廳有愈來愈多的趨勢，也有不少普通的咖啡廳也願意讓狗狗坐在露天座位區。能在散步途中或出遠門的時候帶著狗狗一起享用午餐，或是稍作休息喝杯咖啡，是非常愉快的事呢！而可以與其他狗狗聚會，和狗友們聊聊天感覺會很開心呢。

只是，寵物咖啡廳畢竟是有許多人與狗狗聚集的地方，因此還是等到愛犬「對其他狗狗有足夠的社會化」，以及進店之後能夠安靜地待著之後再去比較好。否則有時也會發生狗狗不停吵鬧，飼主只能急忙離開店裡的情形。

當然，最重要的還有公德心。若是喜歡做記號的狗狗，就要幫牠穿上禮貌帶，或是讓狗狗穿上衣服以免狗毛在店裡亂飛。希望大家能在顧慮到店家和其他客人的情況下，心情愉快地享受店裡的時光。

上 不只是人類的餐點，很多咖啡廳也推出豐富的狗狗專用餐點可供選擇。

下 比起店內，和其他座位之間有廣大間隔的開放式空間待起來會更輕鬆，狗狗也會更容易習慣這樣的地方。

在寵物咖啡廳應有的禮節

✓ 視線不要離開狗狗

愛犬有可能會去騷擾隔壁桌或走道上的客人，記得不要沉迷於聊天或手機而忽略愛犬的狀態唷。

✓ 穿上衣服可以防止脫落的狗毛四處飛散

為了防止狗毛四處飛散，狗狗最好能穿上衣服。若是喜歡做記號的狗狗，則最好穿上禮貌帶。

➔P.086 預先讓狗狗習慣穿衣服會比較放心

✓ 將牽繩繫在專用的固定扣或握在手裡

店內如果有專門用來繫牽繩的固定扣，可以將牽繩繫在上面。如果沒有的話則要將牽繩拉短握在手裡。

✓ 將狗狗的餐點和飲水放在地上

有不少店家會規定狗狗的餐碗必須放在地上讓牠吃，另外有些店家會禁止攜帶外食，因此也要事先確認。

✓ 讓狗狗待在腳邊的地面上

在腳邊的地面上鋪上墊子讓狗狗坐在上面是最理想的。雖然有些店家願意讓狗狗坐上椅子，但記得不要讓狗狗的腳踩在桌上或把臉放在桌子上。

帶狗狗外出旅行一定要做好事前準備

準備周到的計畫與時間寬裕的行程安排

首要之務，就是做好事前確認工作。有些住宿設施有較嚴格的規定，諸如能住宿的狗狗數量或體重限制等，筆者就曾聽說過因為事前沒有仔細確認清楚，結果「本來想和狗狗一起在房間內用餐，最後卻沒辦法」或「狗狗超出旅館規定的標準，最後只好和牠一起睡在車上」等遺憾的案例……和狗狗一起外出旅行，需要比只有人類的旅行有更加縝密的計畫才行。

在大廳等公共空間一定要為狗狗繫上牽繩。

另外如果是初次在外住宿，儘量選擇離家近的旅館，並且只住宿一晚就好。這樣可以確認愛犬在自家以外的地方過夜會出現什麼樣的反應，算是一種「試住」的感覺。狗狗在陌生的地方會感到不安，可能會一沒看到飼主就不停哀鳴，或是聞到房間內其他狗狗留下來的氣味就四處做記號，所以飼主即使在用餐或洗澡的時候，也一定要有一個人一直陪在牠們身邊，也因此最好是跟家人或狗友、至少兩人以上一起出外住宿。如果真的無法陪在狗狗身邊時，則讓狗狗進入運輸籠內。

另外，開車出遊也經常會遇到狗狗暈車或是要上廁所卻塞車的情況，所以在行程安排上，不要排入太多預定行程，時間上最好要安排得比較寬裕。

帶著狗狗習慣的睡床和運輸籠，可以讓狗狗感到安心。

旅館內應有的禮節

✓ 將平時使用的運輸籠作為睡床

平時必須進行讓狗狗喜歡上運輸籠的籠內訓練。只要有自己習慣的運輸籠在，大部分狗狗在陌生的地方也能冷靜下來。

➜P.068 籠內訓練

✓ 不要讓狗狗上床

大部分的旅館都會禁止讓狗狗上床，即使允許，也應該鋪上自己攜帶的床單，以免狗毛沾粘或弄髒床鋪。

✓ 準備好平時用的餐碗

使用平時在家裡吃飯的狗碗狗狗也會比較安心。

✓ 準備好狗便盆

在距離運輸籠稍遠的地方設置狗便盆。如果是習慣做記號的狗狗，則可以戴上禮貌帶。

✓ 將狗狗的排泄物丟入指定的地方

將使用過的尿布墊或撿便袋帶回家丟掉，或丟棄在旅館指定的地方，不要丟在客房內的垃圾桶。

✓ 有些旅館會禁止狗狗進入浴室

大多旅館會禁止狗狗進入浴室，另外有些旅館則會設置寵物專用浴室。

✓ 不要將毛巾等旅館的備品使用在狗狗身上

將為人準備的毛巾等備品用在狗狗身上是非常沒有公德心的行為。請使用自己攜帶的狗狗專用毛巾或旅館為寵物準備的用品。

希望大家都能
遵守應有的禮節，
好好享受這段快樂
的時光唷！

透過動作和表情了解

柴犬的心情

只要和狗狗一起生活，久而久之就能夠從牠們無意之中做出的動作或表情了解牠們心情。這裡介紹幾個代表性的表現。

想正確地讀懂狗狗的心情，需要全面性多方觀察

狗狗表現出來的每一個動作和表情都像是一個單字，而只靠一個單字是無法完成一篇文章的。根據身體其他部位的形狀或動作、當時的狀況和前後發生的事，有時整個意義都會有所不同。

例如打哈欠，通常是在想睡的時候做出的動作，但若是在訓練途中狗狗打哈欠就不是想睡覺，而是「感受到訓練的壓力，所以想要轉變心情」的意思。搖尾巴也不是只有開心的時候才會搖，也不一定是感到害怕的時候耳朵才會向後折。

所以在判斷狗狗的情緒時，不能只看一個肢體語言，而是要囊括全身的動作和當下的狀況才能正確判讀唷！

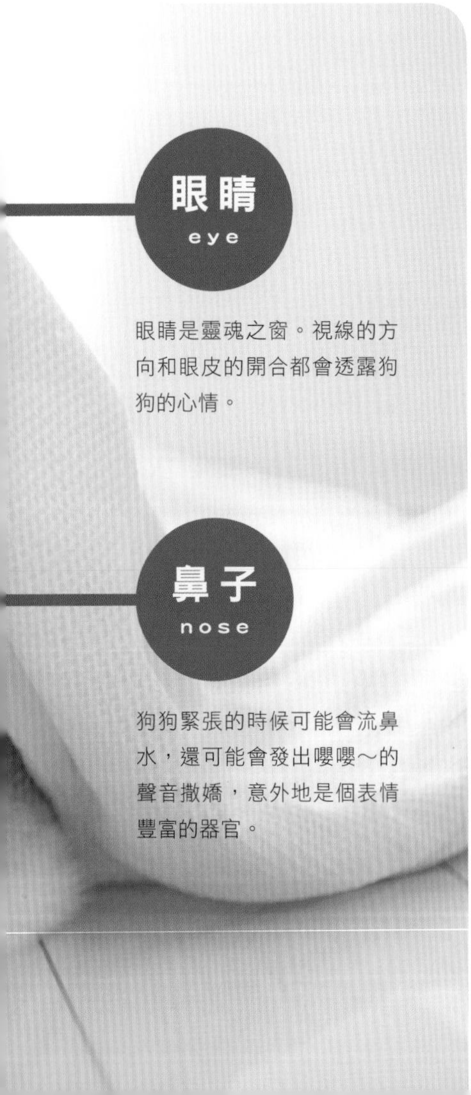

眼睛 eye

眼睛是靈魂之窗。視線的方向和眼皮的開合都會透露狗狗的心情。

鼻子 nose

狗狗緊張的時候可能會流鼻水，還可能會發出嚶嚶～的聲音撒嬌，意外地是個表情豐富的器官。

移開眼神

平常經常會與你對看的愛犬出現移開眼神的樣子，是牠對你感受到害怕或壓力的表現。例如，當訓練進行得不夠順利讓你覺得很煩躁的時候，狗狗就會不想跟你對上眼神。

瞇起眼睛

雖然狗狗在單純覺得刺眼時也會瞇瞇眼，但當牠感受到壓力時也會瞇起眼睛或是眨眼次數增加。這是種「我看不到你，所以你也看不到我」的表現。

舔鼻頭

當狗狗因為感受到壓力而流出過多的鼻水時，就會伸舌頭去舔鼻子。有時候則是用來向對方表示自己沒有敵意的動作，因為狗狗在伸出舌頭的時候沒辦法攻擊。

皺鼻頭

對對方感到警戒或想要威嚇對方時的信號。因為上唇向上掀露出犬齒，所以鼻頭會皺起，通常還會伴隨著低吼、身體伏低等行為。

露出下排的犬齒

狗狗做出看起來就像是在笑的表情表示牠現在正覺得很放鬆，心情很愉快。因為上唇沒有向上掀起，所以鼻頭也不會皺起來。

露出上排的犬齒

犬齒是狗狗最重要的武器，狗狗露出犬齒就表示想要威嚇對方。如果看到這個信號對方仍不退開的話，可能就會發展成實際的打架。

打哈欠

雖然狗狗想睡的時候會打哈欠，不過當牠們處於緊張狀態、想要紓解壓力的時候也會打哈欠。尤其是在眼睛張開的情況下打哈欠，很可能屬於後者。

嘴巴 mouth

從狗狗嘴巴的開合或露出牙齒的方式也可以讀懂牠們的心情。

耳朵 ear

通常呈現豎直狀態的耳朵。耳朵在動的時候表示心情也正在變化當中。

注目焦點！ 想要轉換心情時所表現出來的安定訊號

所謂安定訊號，是狗狗在感到混亂或壓力時所表現出來的肢體語言。這些動作可以讓對方和自己安定下來，所以才稱之為安定訊號（calming signals）。

具體的動作包括瞇起眼睛、眨眼次數變多、移開視線、舔鼻子、打哈欠、甩動身體等。如果在緊張狀態下看到狗狗做出這些動作，就表示牠們備感壓力。由於這些動作本身都還有別的意義，所以請務必要從狗狗當下的情況來進行判斷。

原來狗狗一被罵視線就會移開是因為牠覺得害怕呀……

大家知道嗎？ 飛機耳是什麼？

柴犬的飼主們大多都知道「飛機耳」這個名詞，指的是狗狗的兩耳向兩側放平，看起來就像飛機的機翼一樣，所以被稱為飛機耳。是狗狗與飼主重逢等非常開心的時候會做出來的表情。而明明很開心，耳朵卻轉向側面的理由，可能是因為狗狗習慣在被飼主摸頭的時候放平耳朵，而在這個習慣動作先出現後，又因為高興而拉起嘴角，於是兩者相加一起牽扯到拉低耳朵的肌肉才出現這種動作。

耳朵放平

狗狗在害怕的時候，為了保護重要的耳朵會把耳朵放平。把尾巴夾在兩腿之間也是一樣的心態，而身體伏低縮成小小一團也是為了保護自己。

耳朵轉向側面

耳朵在豎直的狀態下轉向側面，表示狗狗的心情混雜著憤怒與恐懼。是狗狗想要威嚇勢均力敵的對手等情況時會出現的表情，總之狗狗的心情並不好。

尾巴在上方小幅度地搖動

尾巴抬起表示狗狗現在是正面的情緒。尾巴搖動的速度很快，表示狗狗非常興奮，正處於極度喜悅亢奮的狀態。

尾巴在上方緩慢地搖動

狗狗感興趣的表現，或是正在積極地觀察對方的態度。某些狀況下還有可能會發動攻擊。

尾巴在下方緩慢地搖動

尾巴下垂代表的是負面的情緒。狗狗會一邊感到不安，一邊觀察等一下會發生什麼事。

胸口壓低 尾巴高舉

這個姿勢又稱為「邀玩」，是想要邀請對方跟自己一起玩耍的動作。有時也是向對方傳達自己沒有敵意的安定訊號。

前腳單腳抬起

用前腳輕輕碰觸對方的行為是撒嬌的動作。而若是前腳抬起懸在半空中不動，則可能是狗狗正集中在某件事物上，也可能是感受到壓力而動作僵硬的表現。

尾巴 tail

狗狗的尾巴與情緒表達有直接關係，但其實搖尾巴這個動作並不是只有在狗狗高興時才會出現。

腳 foot

表現出狗狗想要靠近對方還是遠離對方，有時也會做出不可思議的姿勢。

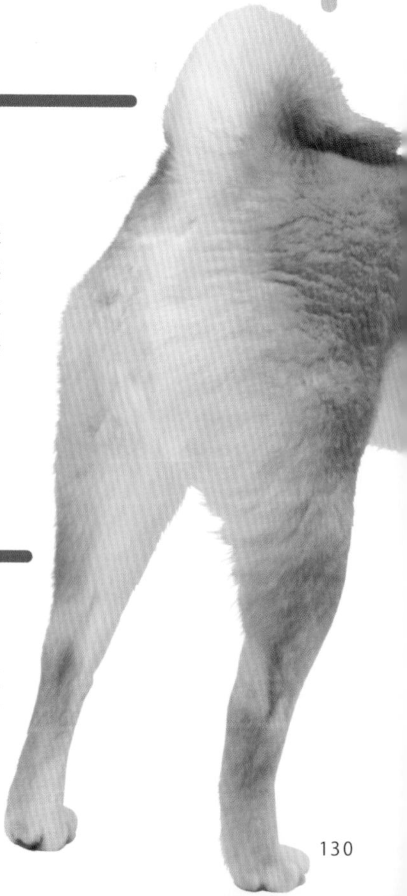

④

開心愉快地！

行為訓練

訓練過程就像玩遊戲一樣是最棒的！

說到訓練，總覺得好像很嚴格呢
有種修行的感覺……
應該是警犬、犬等工作犬所進行的訓練讓妳有這種感覺
這邊要說明的是家犬能在日常生活發揮作用的訓練
例如說在散步途中等紅綠燈的時候……
等等
或是狗狗準備要做壞事的時候叫住牠，就可以成功制止牠搗蛋。
過來
噓～
哦～

那要教牠「握手」之類的口令嗎？
「握手」是才藝訓練唷
雖然也可以促進腦的活性化，但對日常生活沒有什麼幫助，所以這裡先不介紹
當然大家在家裡想教也可以

總而言之，在遊戲中進行家犬的訓練是最棒的方式唷！
狗狗會覺得放鬆又愉快
哇～這真的跟玩遊戲一樣耶
「趴下」的練習之一

狗狗不覺得開心就不算是訓練

訓練成功的祕訣在於開心地進行最重要！

要想讓狗狗提起幹勁、提高記憶力，活化腦內多巴胺的神經線路是很重要的一環。簡單來說，最有效的訓練方法就是一邊讓狗狗覺得開心一邊進行訓練。飼主們可以把自己當成是猜謎節目的主持人，然後讓狗狗端出正確的答案，以這種感覺來進行訓練。當然，也要記得準備食物作為獎勵。「一定要學會」這種義務感會降低狗狗的士氣，而且飼主自己也不會高興。

訓練的進行方式

所有的訓練都要循序漸進地進行，必須等前一個步驟100%達成後，再進行下一個步驟。

STEP 1 教導動作

舉例來說，如果是「坐下」的話，就用食物誘導狗狗自然地做出這個動作（屁股坐到地面上）。狗狗順利完成的話就給予獎勵，讓牠記住這個動作。

STEP 2 配合口令一起教導

坐下

在狗狗坐下的前一刻說出「坐下」口令，重複多次之後狗狗就會把口令和動作連結在一起。

STEP 3 狗狗光聽到口令就能夠做出動作

坐下

只利用口令或手勢讓狗狗做出相對應的動作。

POINT

口令要一致

用什麼當作指示動作的口令都可以，但重點是要一致。因為狗狗並不了解口令本身的意義，而是記住發音而已。如果家人使用的口令都不一樣，會讓狗狗覺得混亂。

POINT

每次訓練只進行5分鐘左右

就算是開心的訓練過程，時間太長還是會讓狗狗覺得厭煩。每次的訓練時間請控制在5分鐘左右，頻繁地進行短時間且注意力集中的訓練會得到更好的效果。

POINT

如果狗狗出現安定訊號就要轉換一下氣氛

所謂安定訊號，就是狗狗在壓力狀態下會做出的動作。例如打哈欠、舔鼻頭等行為，如果在訓練過程中出現，表示狗狗已經對訓練感到厭煩，或是一直無法順利達成而備感壓力的證據。此時必須利用下列的方法轉換氣氛，或是提高狗狗的士氣，否則這樣一直持續下去也不會得到更好的成果。

➔P.129 安定訊號

- 方法 1 改變食物
- 方法 2 降低訓練的難度
- 方法 3 在進行「等待」等訓練時可以讓狗狗稍微動一動
- 方法 4 先讓狗狗睡一覺

遊戲中訓練

吸鐵遊戲

用食物誘導狗狗的遊戲，是所有訓練基礎中的基礎。
只要狗狗的鼻頭如同被吸鐵吸住一般靠近握著食物的手就完成了。

1 手靠近狗狗的鼻頭

將握著食物的右手靠近狗狗的鼻頭，
狗狗應該就會聞到食物的氣味。

➔P.058 零食的拿法

牽繩要維持在鬆繩的狀態，如果拉得太緊反而會讓狗狗停下動作

手的位置太高的話，狗狗會想要跳起來，所以要配合狗狗鼻頭的高度

2 手要水平地移動

如果狗狗緊跟著手移動，就給予食物獎勵。

好乖

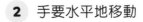

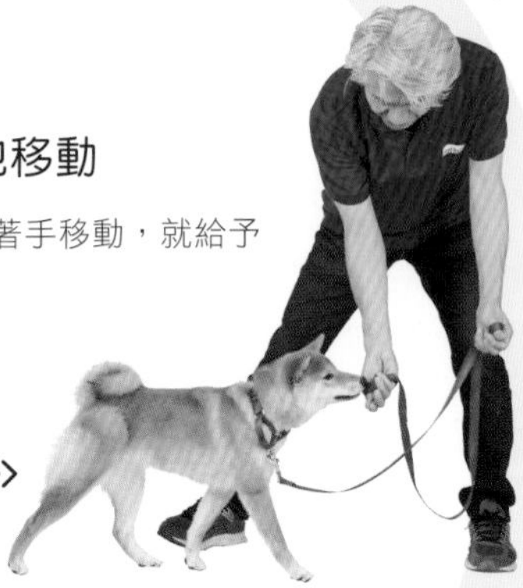

如果狗狗咬住手的話，不可給予食物

如果狗狗太想要食物而咬住手的話，絕對不可在這時候給牠食物，不然牠就會記得「咬上去就可以得到食物」。同樣地，狗狗明明沒有順利做到卻給予食物也是錯誤的！

3 前後左右地移動

讓狗狗回到原來的位置，或是往牠的身體後方移動。如果狗狗都能緊緊地跟隨，就給予食物獎勵。

訓練 1

眼神接觸

和飼主對視的眼神接觸，
是讓狗狗關注飼主不可或缺的一環。

1 手靠近狗狗的鼻頭

將握著食物的右手靠近狗狗的鼻頭。

2 將手移動到下巴下方

將右手移動到下巴下方，讓這個動作成為眼神接觸的信號。跟隨手部動作的狗狗應該會抬頭看向飼主。

POINT

也可以用口哨吸引狗狗的注意力

狗狗沒有順利抬頭看向飼主的話，可以吹口哨或發出咂舌聲吸引狗狗的注意力。有些狗狗則是在飼主蹲下後就會看向飼主。

3 加上口頭的信號

在眼神接觸的訓練中，口令就是愛犬的名字。呼叫狗狗的名字並做出2的動作，只要狗狗的視線對上就給予食物獎勵。重複的過程中，狗狗會變得光聽到有人叫自己的名字就成功進行眼神接觸。

訓練 2

坐下

狗狗如果能乖乖地安靜坐下，會讓日常生活更加順遂。
也可以用「坐」、「SIT」作為口令。

1 手靠近狗狗的鼻頭

將握著食物的右手靠近狗狗的鼻頭。

2 將手往上移動誘導狗狗向上看

右手向上移動誘使狗狗抬起鼻頭，這樣一來狗狗就會自然地將屁股坐向地面。

坐下

4 加上口令一起訓練

在說出「坐下」口令後進行1～3的步驟。

POINT

如果狗狗後退的時候

如果狗狗後退而沒有把屁股坐到地上的話，可以選擇在牆邊等狗狗無法退後的場所進行訓練。

3 狗狗採取坐姿後給予食物獎勵

在狗狗鼻頭向上的狀態下給予食物獎勵並誇獎牠，在獎勵結束之前不要讓狗狗的屁股離開地面。

訓練 3

趴下

讓狗狗等待時使用的姿勢。狗狗在順利做到「坐下」之後可以嘗試看看。
也可以使用「DOWN」作為口令。

1 讓狗狗坐下

將握著食物的右手靠近狗狗的鼻頭，然後移動右手讓狗狗的屁股坐到地上。

2 手往下方移動

右手向正下方移動的話，狗狗會為了追隨食物自然做出趴下的姿勢。狗狗保持趴下姿勢的狀態時給予食物獎勵。

趴下

3 加上口令一起訓練

在說出「趴下」口令後進行 1～2 的步驟。

上述的方法無法順利進行時

讓狗狗從手臂下鑽過

手臂在稍微接近地面的地方固定不動，然後用食物誘導狗狗從下面鑽過去，狗狗就會做出趴下的姿勢。

讓狗狗從腳下鑽過

用食物誘導狗狗從彎曲的膝蓋下鑽過去，狗狗就會做出趴下的姿勢。

訓練 4

過來

如果狗狗能聽從「過來」的指令，除了可以防止狗狗做出不好的行為，
也有助於避開危險。如果在一人進行訓練的情況下可以完成STEP 1的話，
接下來就兩個人一起進行STEP 2、3。口令可以用「來這邊」或「COME」等詞彙。

STEP 1

1 進行眼神接觸

呼喚狗狗的名字進行眼神接觸。

➔P.137 眼神接觸

訣竅是用身體擋住身後並把手放在身體的中心線位置。如果讓狗狗看見身後，狗狗的注意力會分散

2 一邊拿著食物誘導狗狗一邊後退幾步

將握著食物的右手靠近狗狗的鼻頭，如果狗狗來嗅聞食物，就同時後退幾步。

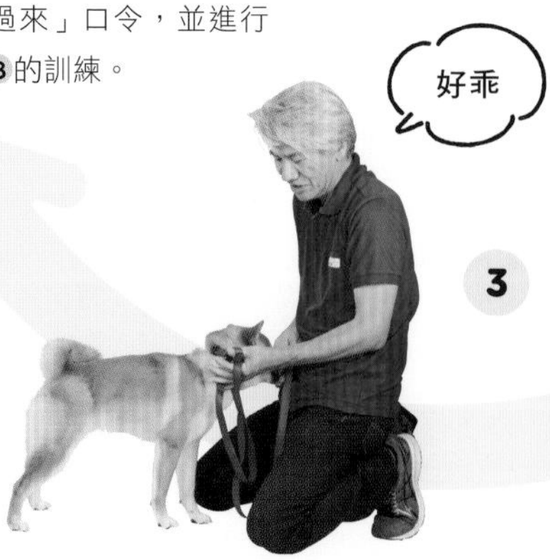

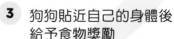

3 狗狗貼近自己的身體後給予食物獎勵

狗狗跟著右手靠過來就OK了。為了讓狗狗學會「要移動到可以碰到飼主身體的地方」，在右手碰觸到自己的身體時給予狗狗食物獎勵並誇獎牠。

過來

4 加上口令一起訓練

在做出動作2的前一刻說出「過來」口令，並進行1～3的訓練。

STEP 2

桃子
A
B

先與狗狗進行眼神接觸

訓練者B拿著牽繩，訓練者A站在隔了一段距離的地方。訓練者A呼喊狗狗的名字與牠進行眼神接觸。

過來

一邊用食物誘導
一邊後退幾步

訓練者A說出「過來」口令，一邊用握著食物的手誘導狗狗一邊後退。如果狗狗跟上來的話，訓練者B也要跟上，讓牽繩維持在鬆繩的狀態。

好乖

狗狗貼近身體後給予獎勵

右手碰觸到自己身體的同時給予狗狗食物獎勵並誇獎牠。兩人交換角色重複進行訓練。

STEP 3

桃子

漸漸拉開與狗狗之間的距離

訓練者A與訓練者B站立的位置逐漸拉遠。如果不容易完成眼神接觸，可以吹口哨。

過來

配合口令與手勢

如果隔了一段距離而狗狗仍對口令有所反應並靠近的話就成功了。

叫狗狗「過來」的時候，
絕對不可以做出狗狗討厭的事，
這是非常重要的一點
狗狗明明都被叫過來了，
卻發生牠討厭的事，
以後牠就會不願意
再過來了唷！

訓練 5

等待

「等待」是能夠防止狗狗飛奔而發生意外、避免狗狗對旁人造成困擾的必要指令。因為難度較高，訓練時要多一點耐心。

STEP 1

1 讓狗狗坐下並與牠眼神接觸

狗狗能做到坐下和眼神接觸可說是最重要的前置作業。

➔P.137 眼神接觸

➔P.138 坐下

2 一顆一顆餵飼料給狗狗吃

在狗狗站起來之前陸續餵食物給狗狗吃，讓狗狗學到「只要保持坐下的姿勢就可以一直得到食物」。

不要教狗狗「等一下再吃」

如果教導狗狗在食物面前等待的「等一下再吃」指令，狗狗就會學到「面前有食物的時候不可以動」，那本書之前所介紹「用食物誘導狗狗的方法」就會失效。其實「等一下再吃」原本是用來訓練看門犬不可以吃陌生人所投飼的食物，以免牠們被陌生人用食物拉攏，現代的家犬並不需要此一指令。

3 教狗狗結束等待

訓練者在即將餵完握著的食物時開始走動，讓狗狗知道等待結束。只要往狗狗屁股的方向走，狗狗就會移動了。並在狗狗即將移動時發出「OK」等口令作為等待結束的信號。

4 持續與狗狗進行眼神接觸

與步驟2一樣陸續餵食物給狗狗吃，但在每次餵完之後務必要跟狗狗眼神接觸，讓人犬之間的眼神交流可以持續下去，最後再進行步驟3結束等待。

STEP 2

逐漸拉長餵食每顆飼料的間隔時間

和STEP1一樣陸續餵狗狗食物，隨著狗狗的理解程度，狗狗應該可以逐漸延長維持坐姿的時間。

STEP 3

伸出左手掌，像是要遮住狗狗看向握著食物的右手視線一樣

加上口令和手勢

在餵食物給狗狗之前，說出「等等」口令，同時對狗狗伸出左手掌。

STEP 4

1 讓狗狗「等等」的同時稍微拉開一些距離

和STEP3一樣讓狗狗「等等」，然後稍微向後拉開一些距離。一開始先拉開一支鞋的長度。

2 回到狗狗面前並給予獎勵

接著馬上回到狗狗面前，餵食並誇獎牠。

3 逐漸拉開與狗狗之間的距離

在重複多次步驟1～2的同時逐漸拉長後退的距離，最後退到牽繩長度所能允許的最遠位置。

訓練 6

腳側隨行

「HEEL」（腳側隨行）是「腳後跟」的意思，是一種為了讓狗狗在散步時把注意力集中在飼主身上的訓練。由於難度較高，訓練時要循序漸進並樂在其中唷！

STEP 1

1

和狗狗眼神接觸

右手握著幾顆飼料，做出眼神接觸的手勢，一旦狗狗和自己眼神接觸，就給予食物獎勵並誇獎牠。

2

繞到狗狗身後

餵狗狗一顆飼料後再度做出眼神接觸的手勢，當狗狗眼神看過來後，往狗狗的右側移動。若狗狗不肯移動，就後退到狗狗無法眼神接觸的位置。

3

當狗狗來到自己的正面並眼神接觸後，給予食物獎勵並誇獎牠

若狗狗起身繞到自己的正面並進行眼神接觸的話，給予食物獎勵並誇獎牠。

4

重複2～3的步驟

重複多次之後，狗狗就會學到「在眼神接觸的同時，飼主移動的話也要跟上去」。

STEP 2

1

一邊眼神接觸 一邊走動

在狗狗與自己眼神接觸之後，就接著走動幾步。若狗狗有順利跟著的話就給予食物獎勵並誇獎牠。就這樣，一點一點地增加狗狗在維持眼神接觸的同時能夠步行的步數。

2

HEEL

加上口令一起訓練

若步驟1狗狗已經可以在維持眼神接觸的情況下步行約5公尺的話，就可以在與狗狗眼神接觸並於起步之前發出「HEEL」口令。若狗狗可以一邊向上看著訓練者一邊不停地走路，就邊走邊餵食物給牠吃。重複多次之後，狗狗光聽到「HEEL」口令也能一邊眼神接觸一邊走路了。

應用

HEEL

和其他狗狗擦身而過時

即使在散步途中遇到其他狗狗也能不過度興奮冷靜地通過，是狗狗必須要具備的素養。這時就可以利用手勢和口頭信號讓狗狗和自己眼神接觸並通過其他狗狗的身邊。當狗狗能夠做到直接擦身走過其他狗狗的身邊而不理會對方時，就給予食物獎勵並誇獎牠。

※這項訓練要在狗狗已經學會對同類的社會化（P. 84）及「腳側隨行」（P. 144）之後才能進行。若是可以與狗友們一同進行訓練，效果會更好。

訓練 7

鬆繩散步

為了在安全的情況下享受散步的樂趣，
必須讓狗狗學會不要硬扯牽繩散步。

錯誤的
散步方式

牽繩呈現緊繃狀態

狗狗在前面一直硬拉著人往前衝，變成狗狗在控制人的狀態

正確的
散步方式

牽繩呈現鬆繩狀態

狗狗和人類並排走路，或雖然走在人的前面，但牽繩仍呈現鬆繩狀態的話就沒關係

只要狗狗用力拉扯牽繩就站住不動

為了讓狗狗學到「拉扯牽繩的話就沒辦法向前走」，飼主在狗狗拉扯牽繩時要站在原地不動，等到狗狗放棄繼續拉扯牽繩後再開始走動。若狗狗已經養成暴衝的習慣，一開始可能很難順利地前進，但還是可以從短距離開始慢慢地練習。

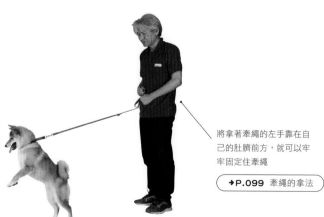

將拿著牽繩的左手靠在自己的肚臍前方，就可以牢牢固定住牽繩

➔P.099 牽繩的拿法

能有效防止狗狗在散步中暴衝的工具

Easy Walk Harness 輕鬆走防暴衝胸背帶

Gentle leader嘴套式訓練牽繩

兩者的設計都是狗狗一旦想要向前暴衝時，胸口或鼻頭就會轉向飼主的方向、無法繼續拉扯牽繩。若想要快速改善狗狗暴衝問題，可以考慮使用這一類的商品。

大家知道嗎？ P字鏈會讓人狗之間無法建立良好的關係

市面上還有販賣一種叫P字鏈的防暴衝道具。它的原理是只要狗狗向前暴衝，頸部就會被P字勒緊（討厭的事發生），所以可以讓暴衝的行為減少。但本書並不建議大家使用這種道具，如同P.53所敘述，施加處罰的行為教育方式會造成很多弊病。在訓犬師中有一句話叫做「勒緊3年」，勒緊就是指把狗狗的脖子勒緊，這句話的意思是即使是專業人士，也要花上3年才能學會這種訓練法，一般的飼主根本就完全沒辦法運用自如。畢竟不論是誰，都不想在脖子被別人勒緊的狀態下學習吧！

【柴柴辭典】

從傳統用語到網路用語，現在就來介紹幾個與柴犬相關的詞彙。

不知道的話就不是自己人唷

【狐狸臉 狸貓臉】

臉型尖尖像狐狸的是狐狸臉，臉頰圓圓讓人聯想到狸貓的是狸貓臉。顴骨高度等骨骼的差異，與毛量的多寡會給人不同的臉部印象，即使是同一隻柴犬，到了毛髮會變蓬鬆的冬天，外觀也很容易變成狸貓臉。

狸貓臉

狐狸臉

【四眼】

眼睛上方有類似麻呂眉※的白色斑點。雖然在黑柴身上特別明顯，但有時也可以在赤柴等其他毛色的柴犬看到；柴犬以外的犬種如臘腸犬也有。

※譯注：日本古時貴族只留眉頭的一種眉型。

【裏白】

和背部有顏色的毛髮相反，位於內面的腹部毛色為白色。四肢和尾巴的內面也呈現白色，這種與背部呈現對比的毛色，也是柴犬的特徵之一。

【海鷗眉】

出現在額頭處、海鷗狀花紋的通稱，也叫做「M字眉」。通常出現在第一次換毛之後，不過也有每年都出現海鷗眉的柴犬。有趣的模樣讓柴柴表情嚴肅時也很引人發笑。

【袴毛】

在大腿內側長出來的長毛，通常在換冬毛時出現。據説袴毛可以讓柴犬坐在雪上也不覺得冷。同樣地，在後腦到背部一帶長出來的長毛則被稱為「蓑毛」，據説能幫助柴犬抵禦風雪。

【白襪】

柴犬的腳掌呈現白色，就像穿襪子似的模樣俗稱白襪。也有柴犬不具有其特色。此特徵出現在貓咪身上則會被稱為「襪子貓」，而日本犬則特別適合用「足袋」（兩趾襪）這個名詞來形容。

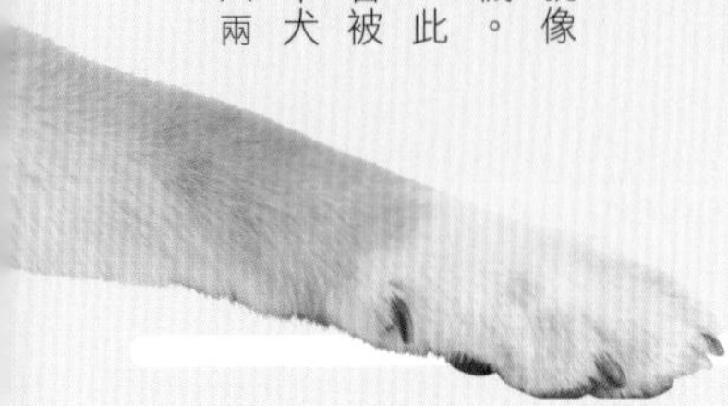

【捲尾 直狀尾】

尾巴捲成一圈的形狀稱為捲尾，而尾巴尖端沒有接觸到背部且沒有捲成圓形則稱為直狀尾。左邊插圖中❶～❻為捲尾，❼～❾為直狀尾，而且每種形狀還有特定名稱。

【尾形名稱】

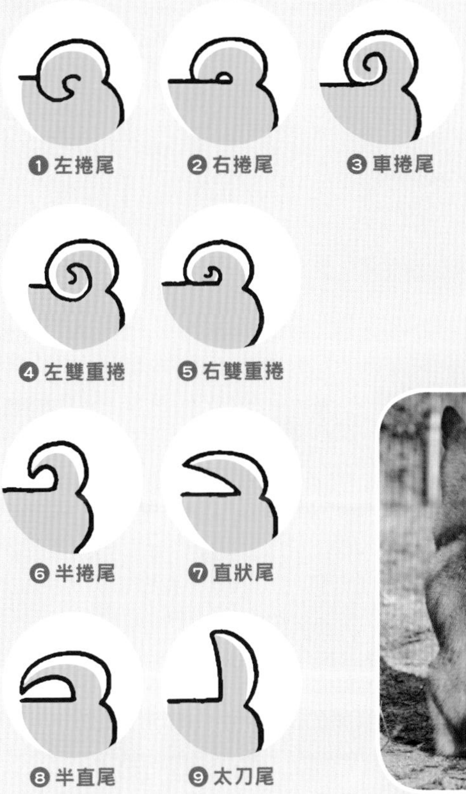
❶左捲尾
❷右捲尾
❸車捲尾
❹左雙重捲
❺右雙重捲
❻半捲尾
❼直狀尾
❽半直尾
❾太刀尾

【天使之翼】

指柴犬的肩頭長了偏白色的毛髮。是柴犬愛好者所用的俗稱，後來更透過網路廣為流傳。並非所有的柴犬都會有這種花紋，有時會因換毛而讓花紋變得不明顯。

【柴距離】

柴犬和其他狗狗或飼主之間會保持著一種微妙的距離，俗稱柴距離。是獨立性強的柴犬特有的特徵，也是柴犬愛好者特別喜愛的地方。

【男柴柴 女柴柴】

男柴柴指的是公柴犬，女柴柴指的是母柴犬，是一種網路用語。例如「我要成為威武的男柴柴」之類的。

【抗拒柴】

是指柴犬不明所以抗拒的樣子，例如在散步途中突然不想走路，完全不肯動的模樣。清楚表現出柴犬頑固的性格，而大部分的柴柴飼主也都覺得這樣很可愛。市面上甚至還有販賣不管牽繩再怎麼拉，柴犬依舊不肯動的公仔，別名為「不動柴」。

↓P.88 我不要我不要柴犬大集合

【柴柴電鑽】

是指柴犬用力甩頭時的樣子，因為甩頭時黑色鼻頭位於尖端，很像鑽孔用的電鑽，所以有了這個稱呼。雖然狗狗想把身上的水甩掉時會做出甩動身體的動作，不過要注意有時候也可能是表現自己感受到壓力的安定訊號。

↓P.129 安定訊號

【原生柴犬】

是指殘存於日本特定區域、擁有一定特徵的柴犬。日本犬中只有柴犬是唯一沒有冠上地區名稱的犬種，據說這是因為柴犬的分布範圍十分廣泛，各地都有原生柴犬存在的緣故。

【信州柴犬】

原產於地勢偏高的日本信州地區原生柴犬。現在柴犬的基本體型一般都是以信州柴犬為基礎。信州柴犬之中，還細分成「川上犬」、「木曾犬」等原生柴犬。而川上村原產的川上犬亦被列為長野縣的自然紀念物。

川上犬

【山陰柴犬】

原產於日本山陰地區的原生柴犬，祖先是擅長獵獾的因幡犬。擁有嬌小頭部和緊實肌肉的體型，特徵是直狀尾和淡紅的毛色。與人口稀少但韌性堅強的山陰地區人民共存的山陰柴犬，給人性格非常沉穩和冷靜的印象。

【美濃柴犬】

原產日本美濃地區的原生柴犬，特徵是擁有人稱「緋赤」的緋紅色毛髮。雖然胸口和四肢有部分的白毛，但幾近全紅的毛色被稱為「赤一枚」，捲尾的出現率很高。

【羽衣之柴】

全身白毛的長毛柴犬，據說在日本幕府將軍德川綱吉的時代非常貴重，幾乎可說是傳說一般的存在。相傳因為擁有天女羽衣一般的美麗容姿，而被當成神的使者崇拜。在原本就是短毛犬種的柴犬當中，很少出現天生長毛的柴犬。據說在一九九〇年代前往美國的柴犬所生下的長毛白柴也被稱為「Angel Wing Shiba」。

長毛白柴Muku。右邊的照片是牠幼犬時的樣子。所以牠是現代的羽衣之柴！？

【繩紋柴犬】

指外型與繩紋時代犬隻相似的柴犬。根據繩紋時代出土遺跡的骨骼及考古學資料顯示，當時的狗狗擁有長形的臉、平直的額段、寬大扁平的額頭、粗壯的口吻和行動機敏等特徵。目前繩紋柴犬研究中心正在執行相關的犬種保存活動。

【中號】

中號是優良的母柴犬，出生在柴犬有滅絕危機的戰爭時代，據說現在的柴犬大多擁有中號的血統。中號在日本犬保存會所舉辦的比賽中獲得總理大臣賞，在國外的比賽中也獲獎無數。由於牠生下了許多名犬，所以據說日本四處遍布中號的子孫。

「柴犬」名稱的由來

目前最有力的說法認為，柴犬名稱源自於日本傳統故事經常會看到的「有一個老爺爺上山砍柴時……」這句話中的「柴」。因為所謂的柴，指的是低矮叢木，而柴犬是小型犬，赤柴的毛色又像是枯柴葉片的顏色，所以才以此比喻柴犬。其他的說法包括有人認為柴犬的柴是來自於信州地區的柴村，另有一說認為過去會把能夠巧妙鑽過灌木叢協助打獵的狗狗稱作「鑽柴犬」，所以才有了柴犬這個名稱。

⑤

比想像中還要多的……

行為問題

頑固柴犬讓人困擾的各種問題

我的第二隻柴犬小徹是一隻很讓人傷腦筋的狗狗。
其中最嚇人的，就是牠吃完飯後還會一直守著牠的碗碗。
吼～
1歲大的時候
想用零食引誘牠稍微離開狗碗，結果完全不行
食物和狗碗之間居然選擇狗碗，怎麼會有這種狗狗啊！
因為牠不喜歡擦拭身體，有時候我硬是想幫牠擦還會被咬。
有時候只不過是經過牠旁邊，就會被牠吠叫。
因為關係愈來愈惡化，所以我們去找了行為諮商師。
客人非常喜歡
↓
後來我們找了能夠進行行為治療的獸醫師，經過一番治療後，漸漸地修復了我們之間的關係。

到了5、6歲之後，大概是
因為性格愈來愈沉穩……
眼睛變圓了！
也不會堅持守著
牠的狗碗了！
呼～
吃完飯後會自己離開
沒有改變的
就是牠仍然討厭擦腳，
所以散步後只是讓
牠走在毛巾上。
不想太勉強牠
外面的木地板
柴犬是個性很頑固的犬種，有不少狗狗都讓飼主傷透了腦筋。有問題的時候，不要在家獨自煩惱，最好儘快去找專家來解決問題。只要踏踏實實地構築好人狗之間的關係，一定會有正面結果！
我和小徹能夠這樣緊緊靠在一起的一天終於來臨了……
真是太好了！

反覆出現行為問題必然有原因

首先，先冷靜地觀察，找出問題行為出現的理由

狗狗不會毫無理由地做出某個行為。雖然經常有人會說狗狗會「沒事亂叫」，但其實牠們並不會無意義地吠叫，必定有對狗狗來說很重要的理由。

要改善行為問題，就必須澈底找出發生的原因。雖然看起來有些困難，但大家無須擔心，只要從下列兩者探索即可：❶想要讓「好事」發生，或者是❷想要讓「討厭的事」消失。也就是本書P.54曾說明過，狗狗四種學習模式的其中兩個。而只要知道原因，就一定可以找到解決的方法。

例如同樣都屬於「吠叫」行為，想要食物的吠叫就屬於❶的模式，這時候只要讓「好事」（食物）消失就可以解決了。而若是因為聽到門外的腳步聲而吠叫，那就屬於❷的模式，是為了讓腳步聲（討厭的事）消失才吠叫。儘管通過之後就逐漸遠去的腳步聲與狗狗毫無關係，但狗狗就是會以為「是因為我叫了腳步聲才消失的」，這種情況就要將狗狗移往無法聽到腳步聲的房間（讓狗狗不會學習到這樣的經驗），或是讓狗狗習慣腳步聲的存在而放下警戒心（社會化教育），兩種方式都有其效果。

想要知道行為發生的理由，就必須經常觀察狗狗。只要觀察出該行為是在何時發生（When）、在哪發生（Where）、做了什麼（What）以及如何發生（How），自然就可以找出發生的理由（Why）。

狗狗會想要攀上餐桌，是因為牠曾經這樣吃到餐桌上放的食物，也就是過去曾經發生過這樣的「好事」。若是從來不讓這種「好事」發生，狗狗就不會養成喜歡攀上餐桌的習慣了。

導致問題行為發生的兩種模式

1 為了讓「好事」發生 而做出問題行為

對策

讓「好事」消失

↓

解決

不再做出那個行為

例 想要吃東西而吠叫、想要有人陪牠玩而吠叫

↓

對策

就算狗狗吠叫也不給牠東西吃、不陪牠玩

＋

教育狗狗只要做出飼主期望的行為，自己的欲望就會得到滿足

↓

解決

狗狗不再吠叫

2 為了讓「討厭的事」消失 而做出問題行為

對策

讓「討厭的事」消失或讓狗狗習慣它（社會化）

↓

解決

不再做出那個行為

例 對經過公寓走道的人吠叫

↓

對策

將狗狗移到聽不到腳步聲的房間、或讓牠習慣他人的腳步聲

↓

解決

狗狗不再吠叫

問題 1

要求性吠叫

就算狗狗吠叫也絕對不能讓「好事」發生

狗狗為了得到「好事」而吠叫就是一種「要求性吠叫」。很多狗狗都會為了討食物或玩具而吠叫，可是一旦飼主答應了狗狗的要求給牠食物或玩具，狗狗就會學到「只要我一吠叫就能達成目的」。所以請記住，當狗狗吠叫時也絕對不能給予牠想要的東西，並且要移開視線澈底忽視牠，等狗狗放棄並安靜下來之後再給。

在飼主準備狗食的期間，狗狗興奮吠叫的狀態也會強化牠吠叫的習慣，這是因為牠們以為「是因為我叫了才得到狗食」。為了不演變成如此，飼主最好在狗狗沒發現的情況下準備好狗食，並且在牠們吠叫之前就拿給牠們。

面對在運輸籠中哀鳴著「我要出去」、「快來理我」的狗狗也是如此。在狗狗吠叫期間不要出聲並且完全忽視牠們，等到安靜下來之後再去跟狗狗說話或是放牠們出來。也請記得不要喝止或責罵狗狗，因為對牠們來說，「吵死了」、「安靜點」等飼主對牠們發出的聲音，也是種「飼主來陪我」的意思。

人類在想要孩子安靜一點的時候，會事先準備好繪本或玩具等物品給他們。狗狗也是一樣，事先準備好「可以長時間享受的零食」，不讓狗狗體驗到吠叫吵鬧的感覺也是不錯的方法。

問題2

警戒性吠叫／驅趕性吠叫

儘量不要讓狗狗有「自己吠叫就可以驅趕對方」的經驗

對警戒的對象吠叫是狗狗的本能，也是擁有看門犬歷史的柴犬經常會出現的行為。然而，一旦狗狗經常對著門外或窗外經過的行人等日常生活中會出現的聲響吠叫，那就很傷腦筋了，還得擔心可能會對鄰居造成困擾。而且這種對著單純路過的人吠叫的行為，會讓狗狗誤會「自己吠叫的話就可以成功驅趕對方」，因而養成壞習慣。

若想要改善狗狗驅趕性的吠叫行為，飼主必須想方設法讓狗狗不要學習到錯誤的觀念（自己吠叫的話就可以成功驅趕對方），並且讓狗狗去習慣吠叫的對象（社會化），才會有所成效。

STEP 1 第一步，先停止狗狗的「吠叫」

最好的方式就是改變狗狗的居住場所，讓牠看不到或聽不到想吠叫的對象，但家中環境不允許的話，為了避免強化狗狗的學習，必須先將狗狗帶離現場或利用其他方式制止牠繼續吠叫。若狗狗此時對食物還有反應，也可以將乾飼料灑在地上先讓狗狗停止吠叫。

STEP 2 讓狗狗習慣腳步聲

為了降低狗狗對吠叫對象聲音所產生的警戒心，可將該聲響錄製下來放給牠聽。一邊餵牠零食讓牠體驗到好事發生，一邊放聲音給牠聽。

➔P.080 養出不會懼怕聲響的狗狗

問題 3

門鈴一響就不停吠叫

讓狗狗學會門鈴聲＝食物的信號

這是一種與「驅趕性吠叫」類似的行為問題，狗狗聽到門鈴聲＝有客人來訪的信號，於是養成了吠叫的習慣。或者是因為門鈴響起，和飼主一起走向大門的狗狗看到送快遞的陌生人，於是開始吠叫。而當這些人在狗狗吠叫的期間離開後，狗狗又誤以為是自己趕走他們，因此養成了吠叫的習慣。

要解決這個問題，飼主可將門鈴聲錄製下來播放給狗狗聽，讓牠習慣，同時還要讓狗狗學習到門鈴聲並不等於有客人來訪的信號，而是等於可以吃到食物的信號。方法就是請家人或朋友按下門鈴，然後飼主在每次門鈴響起的時候餵食物給狗狗吃。餵食的時候將飼料扔進運輸籠內，讓狗狗在籠內食用。連續執行幾天之後，狗狗就會在門鈴響起時自己走入運輸籠了。之後則是與籠內訓練（P.68）一樣，將運輸籠的籠門關上，蓋上布巾，並從籠子的縫隙餵食，教導狗狗要安靜地待在籠子內。

對於不會馬上回去，而是會招待進門的訪客，則可以請客人協助餵食（P.83），讓狗狗習慣。

對策

在運輸籠內餵食

→P.068 籠內訓練

餵狗狗潔牙骨等可以長時間享用的零食效果會更好。若是在大門處與訪客談話的聲音讓狗狗難以冷靜下來的話，則可以打開音樂或收音機讓狗狗聽不到談話的聲音。

問題 4

吃便便問題

不給愛犬吃到糞便的機會，才能防止牠養成食糞的習慣

幼犬經常會有吃便便的行為，一般認為是礦物質不足、想攝取未消化的食物或欲求不滿等原因造成。大部分狗狗在長大之後這個問題就會自然消失，但其中也有狗狗會養成吃便便的習慣，長大後依舊會反覆地做出食糞行為。

要防止養成食糞的習慣，最好的方式是不要給狗狗吃到糞便的機會。本書介紹的如廁訓練法中，當狗狗從運輸籠出來後，飼主會一直陪在狗狗身邊。只要在狗狗排便之後立刻將糞便清乾淨，狗狗就無法吃到糞便。沒有吃到糞便的經驗，就不會養成食糞的習慣。

有些狗狗則可能因胃炎等原因而食糞，此時就必須前往動物醫院接受治療。另外改用礦物質豐富的狗食，或是將防止食糞的營養補充品放在狗食中一起餵食，這些方式都可以並行，朝向改善狗狗食糞問題的目標努力。

將狗狗飼養在圍欄內（圍欄內有狗狗的廁所和睡床）的話，若飼主經常不在家，狗狗食糞的機會將大為增加。

→P.062 如廁訓練

大吃一驚！

嚇人一跳！狗狗的食糞問題有新說法！？

美國加州大學的專家針對狗狗食糞的原因提出了全新的見解，他認為這是為了「對付寄生蟲」。野生的犬隻或狼隻一般會在遠離巢穴的地方排便，但若是身體健康狀況不佳的狗狗，則可能會在巢穴附近排便。一旦放置排出的糞便不管，就有可能讓糞便內的寄生蟲蔓延造成整個群體感染，於是為了防止這種情形發生，狗狗才會把糞便吃下去，清理乾淨。而現代的犬隻則是殘留了這樣的習性，所以才會把看到的糞便吃下去。這麼說來，說不定食糞是狗狗喜歡乾淨的證據！？

問題5 撲人行為

狗狗撲向自己時，不可以對牠開心，而是要忽視牠，藉此讓牠停下撲人行為

狗狗用前腳搭到人類身上並凝視著對方的臉或是舔對方的嘴角，這種動作乍看之下非常可愛，但卻不是很恰當。一旦狗狗撲向家人以外的人，有可能會弄髒對方的衣服，或讓對方跌倒發生意外。對討厭狗狗的人來說，被狗狗飛撲更是會讓人害怕。此外，對狗狗而言，撲人也會增加後肢的負擔，還可能容易發生膝關節異位等疾病。

要改掉狗狗撲人的習慣，必須在狗狗撲人時不讓「好事」發生。當狗狗撲向自己時，應移開視線並忽視牠，也不可以和牠說話。記得要請家人和朋友們，一起按照左頁的方法進行訓練哦！

如果狗狗在散步途中想要撲向他人時，可以立刻將狗狗抱起來或是用腳踩住牽繩等，制止牠撲人的動作。不想讓狗狗做出的行為就不要讓牠有做過的經驗，這是最好的方法。

→P.204 膝關節異位

如果讓狗狗養成撲人的習慣，說不定會造成意外事故呢

訓練 8

預防撲人行為

這個訓練是為了讓狗狗學到「就算撲人也不會有好事發生」以及「坐下來的話會有好事發生」，適合兩人一起進行訓練。

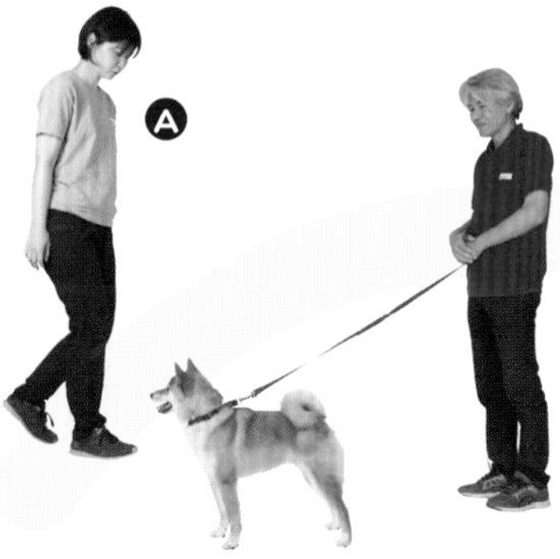

1 訓練者A靠近狗狗

訓練者B將牽繩放長牽著狗狗，接著由訓練者A在這個狀態下靠近狗狗。

2 狗狗一旦有想要撲人的動作時，訓練者A轉身背對狗狗並遠離牠

若是有撲人習慣的狗狗，應該會撲向訓練者A。這個時候訓練者A要轉身背對狗狗並遠離牠。重複多次這個步驟直到狗狗不再想要撲人為止。

POINT

不要發出「坐下」的口令

一旦發出「坐下」口令的話，狗狗可能會「聽到口令才坐下」、「沒聽到口令時就撲人」，因此要教導狗狗在沒有指令的狀態也會坐下。

3 狗狗不再撲人並坐下的話，就給予獎勵誇獎牠

當狗狗放棄撲人並在現場坐下的話，就由訓練者A給予食物獎勵並誇獎牠。

問題 6

撿食行為

可能會造成狗狗中毒或腸胃阻塞，務必要防止其發生

狗狗有時會撿食掉落在路上的食物，或是把石頭、布巾、小球等非食物的物體咬在嘴裡。這些行為可能會造成狗狗下痢或中毒，或是不小心吞下異物，造成腸胃道阻塞，最後不得不開刀……或許有人會覺得：「只要把狗狗叼在口中的東西立刻拿出來不就沒有問題了嗎？」可是一旦人類想要強迫取出狗狗口中的東西時，狗狗很可能會直接把東西吞下去，有時甚至會咬住人類的手造成危險。因此矯正狗狗撿食的習慣有其必要。

要矯正就必須進行訓練，也就是教導狗狗「比起亂撿東西，還不如吃飼主餵給我的食物」。雖然需要時間與毅力，但為了愛犬的安全，仍值得一試。

狗狗每次都把某樣東西咬在嘴裡

有些狗狗會執著於特定的物體，例如每次看到石頭都想去咬，遇到這種情況，訓練方法基本與左頁相同，不過還可以加上「事先將該物沾上狗狗討厭的味道，並特意讓狗狗去咬」的方法。也就是將狗狗執著的東西噴上訓練用的避嫌噴霧，當狗狗去咬時就會發現東西很苦（討厭的事發生）➔此時抬頭看向飼主就能得到食物（好事發生），利用這樣的經驗來讓狗狗學習。

訓練 9

預防撿食行為

為了避免狗狗亂吃東西，必須教導狗狗不能養成撿食的習慣。
一開始先在室內進行。

STEP 1

1 牽繩維持在狗狗鼻頭無法碰觸地面的長度

左手握住牽繩上的安全握點，貼近自己的胸口，這樣狗狗的鼻頭就無法接觸到地面。

➜P.099 牽繩的拿法

2 將一顆飼料丟到地上

將拿在手裡的飼料丟一顆到狗狗的腳邊，讓狗狗想撿起來吃卻吃不到。

3 如果狗狗與訓練者眼神接觸的話就給予食物獎勵

放棄去撿食的狗狗會抬頭看向飼主，這個時候餵牠食物並誇獎牠。如果狗狗一直不看向飼主，就發出口哨聲或咂舌聲吸引牠的注意力。讓狗狗學到「掉在地上的食物不可以吃」、「抬頭看向飼主就會得到食物（這邊比較容易吃到）」。

STEP 2

牽著狗狗走在灑有飼料的地面上

狗狗完成STEP1的訓練後，將飼料灑在地面上，然後帶著狗狗以「腳側隨行」（HEEL）的方式走過去。每當狗狗進行眼神接觸時就給予食物獎勵。一開始可以只走幾步，之後再慢慢增加步數。

➜P.144 腳側隨行

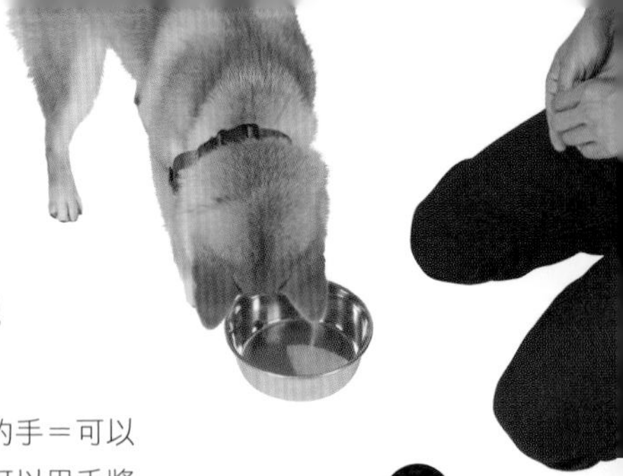

問題 7

保護狗碗的護食行為

狗碗＝狗食的象徵 許多柴犬會保護空的狗碗

狗狗一旦進入第二性徵期之後，對事物的獨占欲就會愈發強烈。於是就出現了都已經吃完飯了卻不讓別人拿走狗碗的柴柴。有些柴柴一看到有人想要拿走牠的狗碗，就會發出低吼聲威嚇，甚至想咬伸向狗碗的手。

要解決這個問題，首先要教導狗狗「人類的手並不會把食物搶走」。不在狗碗內放入狗食，而是用手把狗飼料一顆一顆地放入狗狗面前的狗碗讓牠吃就是很有效的方法。最後則是趁狗狗吃手上飼料的空隙將狗碗拿走就完成了。跟用玩具和食物彼此交換的「給我」訓練如出一轍（P. 113）。

另外，本書之所以不推薦教導狗狗「等一下再吃」（P. 142），理由是狗狗學會了「等一下再吃」，很容易演變成保護狗碗的護食行為。因為狗狗會變得很執著於等待這件事。

對策

將飼料一顆一顆地放入狗碗中

為了讓狗狗學會看到人的手＝可以吃到狗食的好事，飼主可以用手將食物放入狗狗的碗內。放食物時手不要太過靠近狗碗，也可從上方將狗食擲入，或從稍遠的地方扔入碗裡。狗食掉到碗外面也不能去撿，因為看起來像是「要去搶牠的食物」。

也可以不用狗碗來餵飯

其實我們可以拋棄「用狗碗餵飯」的觀念，如果使用本書介紹的「將作為獎勵的食物用手餵狗狗」，那其實根本就不需要狗碗，也就不會有「無法把狗碗拿走」的煩惱了。

問題 8

追著自己的尾巴跑

可能是強迫症造成的異常行為

健康的狗狗偶爾也會追著自己的尾巴跑，在幼犬身上尤其頻繁。但長大之後還總是追著尾巴跑、一邊低吼一邊持續繞圈圈、啃掉尾巴上的毛，甚至咬到出血時，就有可能罹患強迫症了。

所謂強迫症，以人類來說類似不斷地洗手否則無法冷靜下來的狀態。此時一定要帶狗狗去動物醫院或動物行為治療專科進行診療。還得增加狗狗散步或玩遊戲的時間，來抒發牠的壓力，或是每天在固定的時間餵飯、玩遊戲調整狗狗的生活習慣。且有必要藉由適當的行為教育建立人狗之間的信賴關係。

柴犬是經常會出現病態性追尾巴行為的犬種之一，甚至有狗狗會把自己的尾巴啃爛。時間拖得愈久就愈難治療，因此看到這種情況時請儘快帶狗狗就醫，讓牠服用抗焦慮藥物等方式改善。

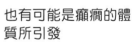

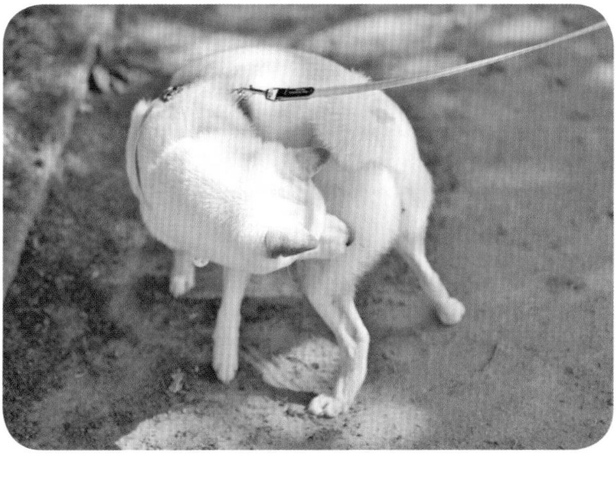

也有可能是癲癇的體質所引發

根據日本東京大學的研究，在62隻具有行為問題的狗狗（其中有29隻柴犬）當中，有51隻狗狗具有癲癇體質。且在給予抗癲癇藥物後，其中39隻狗狗獲得改善。狗狗可能是因為癲癇而看到幻覺，或覺得身體的某個部位刺痛發癢，所以才會一直追著自己的尾巴跑。

問題 9

無法獨自待在家裡

只要狗狗知道飼主一定會回家，就會冷靜地在家等待了

不少狗狗會在飼主不在家的時候不停地吠叫，或是把家裡弄得亂七八糟，此時就要教導狗狗「飼主一定會回來」以及「在家乖乖等待就會有好事發生」。另外拉長散步時間，或是讓狗狗玩大量的遊戲進而感到疲累也不錯，這樣狗狗就會在看家期間一直睡覺了。

不過，如果狗狗患有只要一沒看到飼主就會感到恐慌的「分離焦慮症」這種精神疾病時，只靠訓練並不足以解決問題，必須前往動物行為治療專科進行診斷與藥物治療。

活用「等待」指令

1

讓狗狗精通等待的訓練

➜P.142 等待

2

狗狗在等待時，躲在門後或家具後面

在狗狗「等待」的同時自己躲到門或沙發後面，然後再馬上出現並餵牠食物，讓狗狗學到「就算看不到飼主，飼主也一定會回來並獎勵自己」。為了不讓狗狗過來找飼主，可事先將牽繩綁在柱子上。

3

漸漸拉長狗狗看不到飼主的時間

躲起來的時間從5秒、10秒逐漸拉長，如果想確認狗狗是否有確實「等待」的話，最好利用鏡子等物品來確認，不要露臉。試試看以5分鐘為目標讓狗狗持續「等待」。

為了讓狗狗打發時間，給狗狗吃能長時間享用的潔牙骨，或是能獨自遊玩的玩具也是不錯的方法。

➔P.113 能夠獨自遊玩的玩具

有效

不讓狗狗覺得你要出門是有效良方

有些狗狗在看到飼主揹上包包或開始打扮等行為時，會覺得這些是「出門的信號」而開始吵鬧不休。如果有這種情況，請在狗狗看不見的地方準備並悄悄地出門。相反地，把出門的信號融入日常生活中，例如拿著包包卻沒有要出門，只是去廁所，降低這些行為與出門的關聯性也是有效的方法。將開關門的聲音錄製下來，平時就播放給狗狗聽也是不錯的選擇。

活用「籠內訓練」

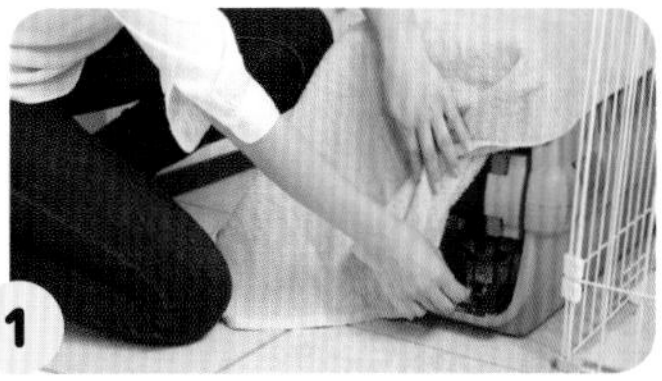

1 讓狗狗精通「籠內訓練」

➔P.068 籠內訓練

2 讓狗狗能在運輸籠內安穩地休息幾個小時

確認狗狗能夠安靜地待在運輸籠內幾個小時（可以忍住不上廁所的時間）。

3 悄悄地出門看看

悄悄地出門不要讓狗狗發現。若不想讓狗狗聽到開門的聲音，可以開電視或收音機不管。然後在狗狗下一次上廁所之前回家。播放錄下來的開門聲讓牠習慣也是有效的方法。

➔P. 080 養出不會懼怕聲響的狗狗

行為問題嚴重時請諮詢
行為治療專家或專業訓練師

如果狗狗有分離焦慮症或病因性追尾巴行為等情況時，就有接受專業醫師診斷與治療的必要。例如分離焦慮症，與人類的憂鬱症一樣，有很大的原因是名為血清素的腦內物質傳導不良所造成。在透過藥物改善血清素的傳導後，一般就能痊癒。儘管有必要進行前頁所提到的訓練，但與其單靠訓練達成目標，不如搭配藥物治療，或許能取得更好的效果。

飼主如果觀察到令人在意的行為，最好早日尋求專家的協助。除了可洽詢下列網站所介紹的獸醫行為治療專科認證醫師，也可找P. 87所提到的JAHA認證的家犬行為教育指導師進行諮商。這些專科獸醫師與行為教育指導師彼此之間都有連繫，必要時能夠請行為教育指導師幫忙轉介獸醫師，反之亦然。

此外，有些行為問題只透過行為教育指導師提供的訓練方式也能夠獲得改善。與其一個人悶悶不樂地煩惱，不如找專家諮詢也能調適自己的心情。有時諮商之後才會知道，原來利用自己從沒想過的簡單方法就能解決問題。

而雖然利用這些方式可以治療行為問題，但比起行為問題發生後再進行治療，更理想的是事前預防以避免問題發生。因此還是讓狗狗早期接受適當的社會化教育與行為教育，致力防止行為問題的發生。

日本獸醫動物行為研究會　獸醫行為治療專科認證醫師
http://vbm.jp/syokai/

如果平常都有詳細紀錄的話，就很容易把問題說明清楚
0月×日
0月0日
我也是一邊諮詢專家一邊努力執行行為治療的

柴犬生活大小事

只要是柴犬飼主一定會感同身受的各種大小事。
之後想要飼養柴犬的人請務必要參考唷！

掉毛總是掉得如此猛烈。

尤其是春天的換毛期，感覺根本一口氣掉下了一整隻狗狗的毛吧！既然掉下這麼多毛，有些飼主會把毛球直接放在狗狗頭上，或是用掉下來的毛做一個狗毛氈玩偶，享受各種狗毛藝術的樂趣。總而言之，柴犬的掉毛是非常有趣的！

這是綿羊犬吧

這是身為山陰柴犬的小香，只有臉部先完成換毛變身成綿羊的樣子！每隻柴柴換毛的方式都不太一樣呢！

玩具總是被秒殺。

曾經是獵犬的柴犬雖然屬於小型犬，卻擁有不同凡響的破壞力。給牠玩的玩具總是逃不過瞬間被破壞的命運，不僅如此，有時甚至連堅固的KONG玩具也會被啃碎，或是沙發被咬破，其中的棉花亂飛……飼主就算氣得臉色發青，看到牠那麼滿足的樣子應該也罵不下去吧！？

一下就膩了。

對著剛剛還玩得不亦樂乎的玩具會突然失去興趣，這就是柴犬。有時候還會一副勉為其難陪著飼主玩的樣子，這也是有人認為「柴犬就像貓一樣」的原因之一。

孤零零地站在狗狗遊戲區內。

＼ 孤零零 ／

獨立自主的柴犬，在狗狗遊戲區內也一樣我行我素。當其他狗狗玩在一起的時候，柴柴會在旁獨自開心地四處飛奔，有時玩夠了還會表示自己已經想回家了。也只有飼主會覺得：「狗狗孤零零的看起來好可憐唷！」。

飼主的為難

小狗，你的冬毛應該都掉完了吧
對啊，總算清爽一點了！
好可愛~
揉搓
揉搓
只是這樣看起來好像瘦一大圈……
唔
屁屁也變得好小！
！
心情真是複雜啊

看起來太清爽有時也讓人有點寂寞呢~

裝扮成大叔的樣子未免也太像了。

總覺得柴犬與日本男性在氣質上非常相似呢！雖然這樣說對狗狗有點抱歉，但即使是母柴犬，比起飄來飄去的裙子感覺還是更適合領帶。

一穿上衣服就情緒低落。

因為大部分的柴犬都很不喜歡穿衣服，所以穿上衣服後看起來就是一臉臭臉。那在知道柴犬這個特性後，會不會有飼主「特地幫牠穿上衣服，只為了讓牠乖一點」呢？

一到下雨天就滿臉掃興的樣子。

每到下雨天，不知道是不是發現無法出去散步了，有時就會一副不甘不願躺著鬧彆扭的樣子。另一方面，因為有很多柴犬「就算下雨也非要出去散步」，所以也經常可以看到在雨中默默散步、全身溼透的柴柴和飼主。

下雪的日子看起來超級開心。

就像歌詞「狗狗開心地在院子裡跑來跑去……」一樣，下雪的日子裡柴犬總是非常興奮，不是在積雪中拼命挖洞，就是把雪吃下去。不過上了年紀的柴柴，則是會給人「我待在家裡就夠了」的感覺呢！

從圍牆的間隙露出臉來。

是因為飼養在院子裡的狗狗大部分是柴犬的關係嗎？那種從圍牆間隙中露出臉的樣子特別有柴柴的感覺。偶然路過看到的時候，在嚇一跳的同時不知道為什麼又覺得心情很好。

交換資訊

其他狗狗殘留的氣味會讓愛犬萌生便意唷！

● 飼主篇 ●

只要一聽到「SHIBAKEN」就很想糾正對方是「SHIBAINU」※。

※譯注：均為柴犬之意，SHIBA INU為柴犬的正式讀音。

日文正式的唸法是「SHIBAINU」，可是如果向對方説「不對不對，不是SHIBAKEN是SHIBAINU唷！」又怕讓人覺得我很龜毛，最後總是忍一忍就算了。

總是忍不住想去揉柴柴的臉。

因為柴柴的臉實在可愛得讓人受不了，就算搓成鬼臉也是我最可愛的毛孩，而且看牠困擾的樣子也好可愛，所以總是忍不住一直去揉狗狗的臉。

經常會被飼養西方犬種的飼主敬而遠之。

對於只認識友善的西方犬種的人來說，可能會覺得柴犬是一種有點恐怖的狗狗。有時在路上遇到了，對方可能表現出「噢！是柴犬欸！」一邊閃避開來。雖然讓人覺得有點寂寞，但其實柴犬飼主也會覺得「柴柴也的確有很麻煩的地方啊～」。

覺得愈是麻煩的狗狗愈是可愛。

頑固又警戒心強的柴犬絕不是容易飼養的犬種，飼主常覺得養得很辛苦。那為什麼大家還是這麼喜歡柴犬呢？養起來才不會無聊嗎！？在花費一番苦心後變乖的毛孩感覺更加惹人疼愛，覺得「果然還是柴犬好啊」的飼主不知道為什麼不斷地增加中。

⑥

以健康長壽為目標

狗狗的健康管理

動物醫院是狗狗一輩子的夥伴

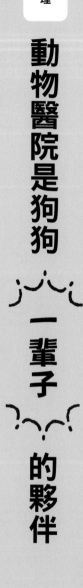

要去動物醫院的那一天，我總是會心情沉重；即便只是幫狗狗剪趾甲，也必須耗費大量的體力與精力。
候診室等待的期間在小徹愈來愈緊張之前，一定要幫牠戴上伊莉莎白頭圈，真擔心我有沒有辦法快速戴上去。
你這樣特別帥喔！
小狗只要被碰一下就會大聲尖叫。
哀汪！
只是放上聽診器而已
然後就在候診室被笑了。
嘻嘻
嘻嘻
不好意思吵到大家了……
進去~
即使目的地是動物醫院，小徹仍很喜歡搭車，所以都會快速地進到運輸籠內，但小狗就相當勉為其難……

現在去的動物醫院，是從小徹開始行為治療陪伴了我們十年以上的動物醫院。
因為小徹總是很期待見到醫師，所以在上診療台之前心情都很好。
遇到能夠確實理解小徹的獸醫師真的很值得慶幸！即便有點距離，但我還是持續選擇這家動物醫院。
為了讓狗狗習慣動物醫院，一開始還花了不少工夫。在獸醫師的提議下，第一天我們讓狗狗在醫院吃完零食就回家了
每一位員工輪流餵小徹吃零食。
下次去醫院的時候就變得很順利了！
小徹12歲的時候，第一次接受了全身健康檢查（人類全身健康檢查的狗狗版）。
心電圖
尿液檢查
血液檢查
腹部超音波
胸部X光
這一切都關係到狗狗未來的健康管理，所以找到一家可以長期合作的動物醫院才有辦法放心唷！

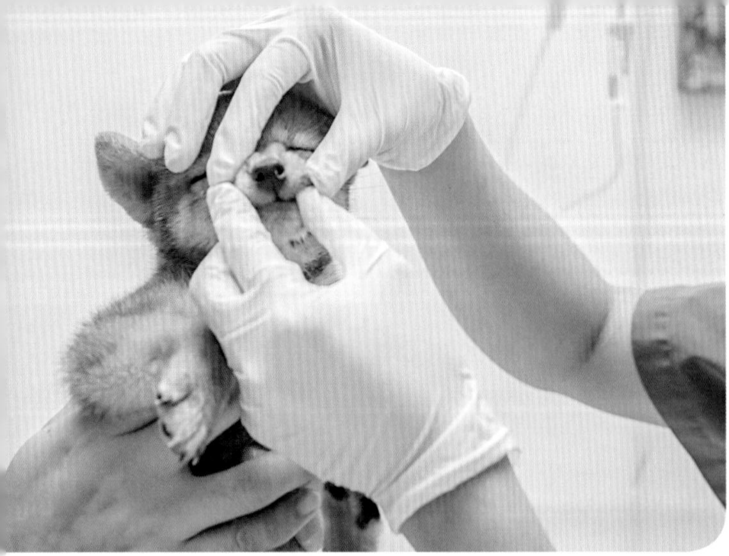

在柴犬來到家裡之前就先找好家庭獸醫師

找一家「只是小問題也可以諮詢」的動物醫院很重要

如果決定要飼養柴犬的話，記得要先找好一家動物醫院。因為剛來到家裡的狗狗身體很容易出狀況，俗稱「新環境症候群」，由於對環境變化感到壓力，狗狗可能出現食慾不振、下痢、嘔吐或脫水等症狀，所以飼主要預想到可能需要去動物醫院治療的狀況，事先找好一家診所。

挑選動物醫院的重點有很多，最好選一家可以立刻帶狗狗去、即使是小問題也可以諮詢，而且說明方式簡單易懂的動物醫院。如果還能執行高度醫療、半夜也願意接受急診病患的話當然更完美，不過要找到滿足所有條件的動物醫院是很困難的，而為了以後可能會發生的緊急情況，如果常去的動物醫院可以轉介專科獸醫師或半夜可看診的醫院，那就更令人放心。

由於動物醫療屬於自費醫療，即使是同樣的治療方式，各家動物醫院的費用也有所不同。雖然不是便宜就好，但能夠找到一家治療費用尚可負擔的動物醫院也很重要，另外投保寵物保險也是一種選擇。

查看狗狗健康狀況的 POINT

眼睛

眼屎、充血或流淚是疾病的徵兆，如果用腳去抓的話還可能會惡化，所以出現異常的話請儘速就醫。

耳朵

正常的耳朵裏側應呈現淡粉紅色，不論有沒有惡臭，平時都要檢查。

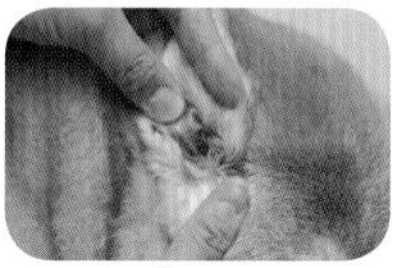

毛髮和皮膚

健康狀況不良時毛髮會變得乾燥粗糙。由於柴犬很容易得皮膚病，不論有沒有發癢都應該要經常查看。

臀部

如果狗狗的臀部散發臭味或經常用屁股磨地板，就表示可能有下痢或肛門腺分泌物堆積在那裡。

嘴巴

狗狗一旦有牙周病或口腔炎時，會出現口臭或流口水的症狀。平時在刷牙的時候記得同時查看牙齒和牙齦的狀況。

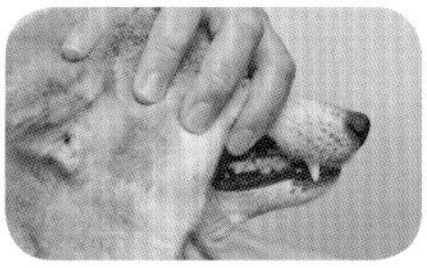

食慾

除了食慾突然下降一定是有問題之外，生病也可能造成食慾暴增。尤其是伴隨多喝多尿的症狀時，一定要立刻去動物醫院看病。

排泄物

平時要查看糞便或尿液的量、排尿排便的次數、顏色等，如果覺得排泄物有異常，可至動物醫院檢查。

飲水

大量喝水並大量排尿的「多喝多尿」是疾病的徵兆，應進行尿液檢查和血液檢查來確認。

四肢

狗狗出現腳步蹣跚、拖著腳走路等情況時應儘速就醫。有時候太陽太大又出門散步也可能使狗狗的肉墊燙傷。

體重

體重突然增加或減少都是疾病的徵兆，至少每個月要幫狗狗量一次體重。

體溫

成犬的平均體溫為38～39℃，可將體溫計插入肛門測量。

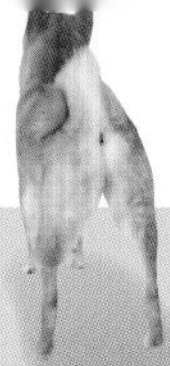

健康管理的季節差異

換毛期為春天和秋天 一年兩次！

尤其是春天的換毛期會有大量的掉毛，所以最好每天幫柴柴梳毛。如果冬毛還留在身上會讓狗狗愈加怕熱。有定期洗澡的話，還能夠把掉毛清理乾淨。另外每隻狗狗掉毛的狀況也不太一樣，有些狗狗會一個部位一個部位地換毛，有些狗狗則是全身一起逐漸地換毛。

狂犬病疫苗

換毛期

5月 | 4月 | 3月 | 2月 | 1月

炎熱的天氣是最大敵人！小心中暑和寄生蟲的風險

柴犬相對上是很耐寒的犬種，但豐厚的毛量讓牠們相當怕熱，天氣炎熱時應該要為牠們打開空調。尤其在進行如廁訓練（P.62～）等需要讓狗狗進入運輸籠休息的情況時，因為牠們無法自行移動到涼爽的地方，所以飼主務必要注意不論是夏天還是冬天，都應該將室內維持在舒適的溫度。

在天氣變暖的同時寄生蟲也會開始增加，記得要幫狗狗定期投藥防止寄生蟲。預防針亦然，比起感染後再行治療，事前預防工作可說是極度重要。

特別注意

不要小看天氣炎熱時發生的中暑

在炎熱的日子裡，如果讓狗狗待在沒有空調的房間內很可能會讓狗狗中暑，甚至危及性命。近幾年來在黃金週（日本4月底～5月初）前後天氣就已經轉熱，所以中暑的狗狗案例也愈來愈多。大家千萬不可以疏忽大意，散步也應該在涼爽的早晨或日落後進行。幫狗狗穿上可放入保冷袋的領巾也是對抗炎熱的方法之一。

春天是施打狂犬病疫苗的季節

每年4～6月是日本的狂犬病預防接種月，政府機關會寄送「狂犬病預防接種通知」給已進行寵物登記的家庭。如果是各自治團體舉辦的狂犬病疫苗巡迴接種活動，疫苗可能會比較便宜。其他時間則可以到動物醫院接種，但價錢可能會稍微高昂一點。除此之外，也要記得定期讓狗狗接種犬瘟熱等傳染病的混合疫苗，保護狗狗不要得到傳染病。

換毛期

12月 | 11月 | 10月 | 9月 | 8月 | 7月 | 6月

預防跳蚤、壁蝨

預防心絲蟲

※寄生蟲的繁殖時期各地區會有些許差異。
※譯注：臺灣天氣炎熱，全年都要進行跳蚤、壁蝨及心絲蟲的預防工作。

確實為狗狗驅蟲！

不論是哪種寄生蟲，都以炎熱的時節為主要繁殖時期，近年來，有些寄生蟲也會在冬季溫暖的室內存活下來。除了在上述的季節必須預防寄生蟲外，可以的話，最好一整年都給予狗狗預防藥物會比較安心。跳蚤和壁蝨也會對人類造成危害，所以要特別注意。若是狗狗已經感染了心絲蟲，貿然投藥可能會引起休克症狀，所以請務必在投藥前就醫檢查。

結紮對狗狗有數不清的好處！

結紮手術能讓狗狗更長壽，心理方面也會更穩定

結紮手術對狗狗有許多好處。醫療方面，即是未來可以不用擔心與性賀爾蒙有關的疾病。目前已知在母犬第一次發情期前就進行手術的話，罹患乳腺腫瘤的風險可以下降99．5%，而這樣的結果也顯示能夠延長狗狗的平均壽命。

至於公犬方面，結紮對於公犬四處尿尿的標記行為、增強的攻擊性、發情期不穩定的情緒等問題也有抑制作用。因為心理方面變得穩定，連帶狗狗與人類或其他狗狗之間的關係得到改善的機率也相對提升。

另外，行為教育或訓練得以順利進行也是結紮的好處之一。由於對狗狗來說繁殖的優先順序比食物還要高，因此如果狗狗身邊有未結紮的適齡異性，有時可能連獎勵用的食物都不看在眼裡，這樣也就無法順利進行行為教育。

根據以上幾點，如果飼主沒有繁殖狗狗的想法，建議還是進行結紮手術比較好。在狗狗出生六個月左右，初次發情期之前進行手術是最理想的。手術前最好先進行血液檢驗等檢查來評估狗狗的健康狀態，提高手術的安全性。

結紮唯一的缺點，就是狗狗的代謝能力會下降，結紮後若還是餵食和結紮前一樣的分量就會導致狗狗變胖，最好改成手術後專用的飼料來避免這種情況發生。

在狗狗遊戲區因為飼主一時沒注意，結果愛犬和其他狗狗交配導致後來懷孕的意外事件，在現實中也經常發生。因此若是沒有繁殖的需求，請儘早為狗狗進行結紮手術。

結紮手術的好處與壞處

好處

✔ 能夠預防性別特有的疾病

母犬可以預防乳腺腫瘤、子宮蓄膿、子宮癌等疾病；公犬可以預防睪丸腫瘤、前列腺肥大等疾病。

✔ 讓心理方面更穩定

不會再出現發情期時會有的精神不振、沒有食慾、容易發怒、無法冷靜等情況。

✔ 改善標記行為

未進行結紮手術的公犬，不論在室內、室外都可能會四處尿尿做記號。

✔ 讓行為教育和訓練得以順利進行

未進行結紮手術的狗狗會十分在意異性的存在，而不把飼主的指示放在眼裡。

壞處

✔ 容易發胖

因代謝能力下降，若餵食和結紮前同等分量會導致狗狗變胖。

記得改變食物
或調整餵食量，
預防肥胖的情形發生！

狗狗發情時……

出血

母犬每年發情兩次，每次發情時陰部會出血約兩個星期。

不受控制

公犬為了求偶會去追趕母犬，有時甚至會逃離家門。

食慾下降

精神和食慾都會變差，有時甚至會不想出門散步。

♀
♂

無法冷靜下來

由於十分在意陰部的變化而變得神經質，若是被公犬糾纏時還可能會與對方打架。

費洛蒙

公犬在感覺到母犬發情中所散發出的費洛蒙時，會非常興奮、無法冷靜。

打架的機會增加

公犬之間為了爭奪母犬，有時候彼此會激烈地打起架來。

從綜合營養食品中選擇餵飼的狗食

狗狗只吃綜合營養飼料也沒關係

和過去相比，現在狗食的種類多到令人目不暇給，正因如此，相信有不少飼主完全不知道該如何選擇才好。

而選擇狗食的最大前提，就是必須以「綜合營養食品」作為主食。日本市售的狗食中，分為適合作為主食的「綜合營養食品」，以及其他的「一般食品」、「副食品」和「零食」，這些都會標示在狗食的外包裝袋上。而綜合營養食品以外的食物，沒有特意餵給狗狗吃也沒關係。

綜合營養食品以外的食物，在人類來說就像蛋糕一樣，雖然好吃，但營養價值有限。狗狗雖然愛吃，但像是訓練時使用的狗狗專用起司等食物，只需要在特別時刻少量給予即可。

直接用手餵食一天所需的分量

狗狗所需的餵食量，會根據牠們的年齡、體重、活動量等因素而有所變化。雖然狗食的外包裝袋上有標示建議的餵食量，但最好還是定期幫狗狗量體重，並諮詢家庭獸醫師後再決定餵食的分量。若要給狗狗零食，則應該把零食的熱量控制在每日所需熱量10％以內，同時也要記得從主食中扣除已餵食的熱量，否則會讓狗狗過度攝取的熱量。

如P.57所說明的一樣，本書推薦以

狗食的篩選方式

儘管「防止毛髮打結」、「毛色鮮豔配方」等飼料的功效很吸引人的目光，但這些其實頂多只能算是附加效果。比起這些功效，更重要的應該要選擇獸醫師推薦或值得信賴的品牌，並依據狗狗的年齡選擇合適的飼料。

綜合營養食品
↓
值得信賴的品牌
↓
年齡
↓
功效

乾糧

- ✔ 不容易腐敗、適合長期保存
- ✔ 每單位重量的熱量較高
- ✔ 種類豐富
- ✔ 不容易堆積牙垢

溼食

- ✔ 能同時補充水分
- ✔ 每單位重量的熱量較低
- ✔ 開封後應於一天內食用完畢
- ✔ 較少綜合營養食品
- ✔ 不適合用來訓練

用手餵食乾糧的方式作為行為教育時的獎勵。既可以促進人犬之間的感情與信賴，而且光用狗食的餵食量就足以進行行為教育或訓練。而每天的餵食次數，最少也要三次，多的話則可以達到六次（約間隔三個小時），並在每次餵食的時候進行相關訓練，讓「吃飯時間＝訓練時間」。不用擔心「一天餵食六次會不會吃太多啊」，同樣分量的食物，其實少量多餐的方式對腸胃的負擔比集中餵食更小，而且還可以預防狗狗肥胖。

至少每個月幫狗狗量一次體重，體重有所變化時應調整狗食的餵食量。

大家知道嗎？ 會對狗狗造成危險的食物

最近似乎有愈來愈多的人會餵狗狗吃手作鮮食，不過由於人類的食物中有不少種類會造成狗狗中毒，所以在沒有足夠知識的情況下自己準備鮮食是很危險的。另外，如果經常把人類的食物分給狗狗吃，狗狗可能會習慣其濃郁的味道而不願意吃狗食，所以請不要把自己吃的食物分給狗狗吃喔！

- ✖ 蔥類（洋蔥、長蔥、韭菜、大蒜等）
- ✖ 巧克力
- ✖ 肝臟
- ✖ 生蛋
- ✖ 葡萄
- ✖ 菠菜
- ✖ 生肉 等

身體的清潔護理工作也不輕鬆

呼……
明明每天都有梳毛還是很會掉毛欸
怎麼永遠梳不完呀
換毛期的柴犬會不停地掉毛，所以是身體清潔護理工作中的一大工程。
說到身體的清潔護理……
幫小徹洗澡時，都是我跟先生兩人一起動手。
嘩~
先生負責洗澡，
我負責不斷地餵牠吃零食。
好乖好乖~~
可是某一天牠在洗澡途中突然開始生氣了。
吼~
吼~
然後從那天起，牠轉而討厭所有的身體護理工作。
不給梳毛
不能用毛巾擦身體

問了狗狗的行為諮商師之後……
在小徹冷靜下來之前，先停止所有的身體護理吧
好的
在不危害身體健康的大前提下，所有的身體護理工作全部都暫停了。
就算滿身都是草屑，我也不拿下來。
手癢
手癢
沒事的，那些總有一天會掉下來的
就算臉上沾了眼屎……
忍耐
忍耐
難得表情那麼可愛，好可惜啊……
保持狗狗身體的清潔固然非常重要
但若是會破壞飼主與狗狗之間的關係，飼主不做這些事也沒關係！
真的很在意時，就帶狗狗去動物醫院或寵物沙龍請他們處理，這樣比較好唷！
我們去剪趾甲吧～

在狗狗還不習慣身體的清潔護理工作前，可委託專業人士進行

比起「清潔護理」，讓狗狗「習慣清潔護理」更為優先

柴犬需要的清潔護理工作有很多，但首先得讓牠逐步習慣（社會化教育）。在還沒習慣之前千萬不要勉強牠進行這些護理工作，否則一旦狗狗有了疼痛或恐怖的印象，牠們就會開始討厭這些事情，有些狗狗甚至會採取咬人等攻擊行為，最後還可能演變成連普通的撫摸身體都不行。

儘管如此，像剪趾甲之類的清潔護理工作又不能放著不管，此時，在狗狗習慣前，可以將牠帶去動物醫院或寵物沙龍，交給專業人士來處理。由於專業人員非常熟稔狗狗的清潔護理工作，所以也不容易對狗狗造成不好的印象。至於飼主，也需要學習應有的技術，學會在不對狗狗造成疼痛的情況下快速完成清潔護理工作。

附帶說明一下，由於高齡犬在進行清潔護理工作時有較高的風險，所以當狗狗年老之後才初次委託專人時，有些寵物沙龍會不願意受理。針對這種情況，最好在狗狗還年輕時就事先找好附近可信賴的寵物沙龍，對方比較能掌握狗狗的習慣或性格，等狗狗老了之後也比較願意繼續提供相關的服務。

✔ check!

擠肛門腺請交給專業人士處理

將肛門腺的分泌物擠乾淨這種「擠肛門腺」的作業，還是交給動物醫院或寵物沙龍去做比較好。因為有很多狗狗討厭別人碰觸牠的隱私部位，而且如果動作不熟練的話還會讓狗狗感到疼痛。

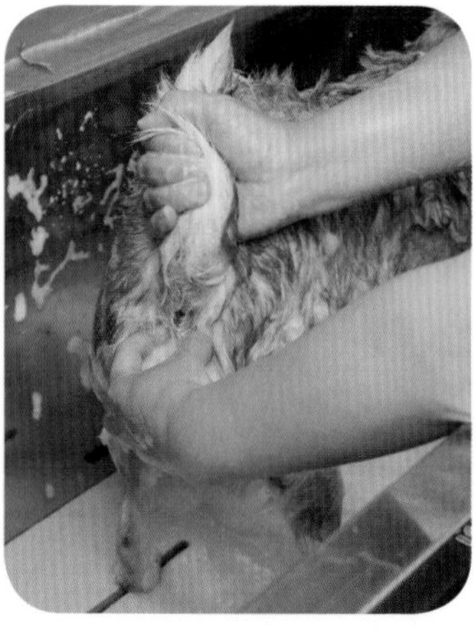

讓狗狗習慣梳毛的方法

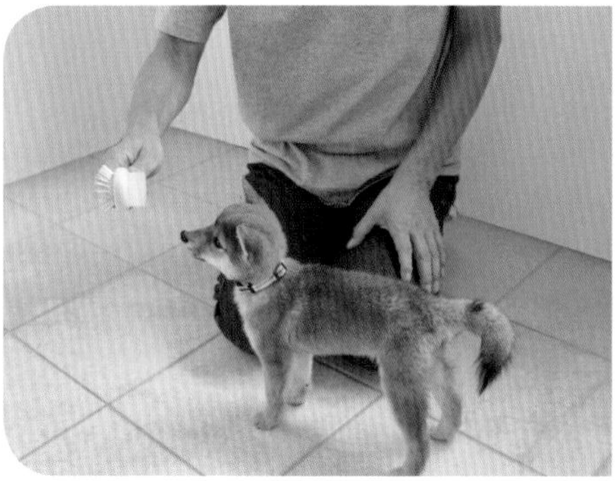

1 拿梳子給狗狗看並餵牠吃零食

首先讓狗狗習慣梳子這個物體。飼主手上拿著梳子，在給狗狗看的同時餵牠吃零食，並重複多次。

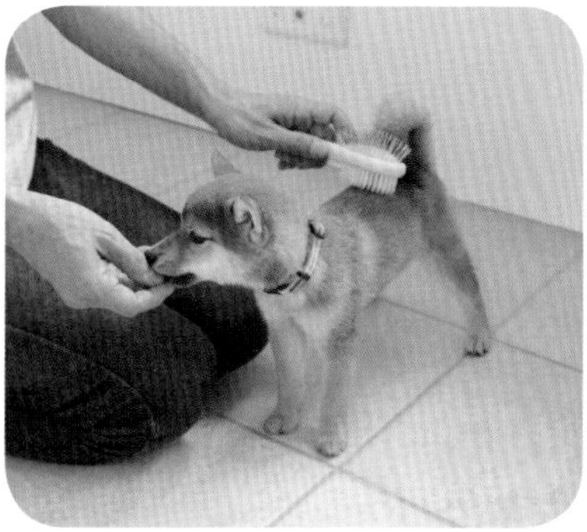

2 一邊餵食一邊拿梳子去碰觸狗狗的背部

接著讓狗狗習慣身體被梳子碰觸。試試看一邊餵食一邊拿梳子去碰觸狗狗的背部，此時梳子先不要動。

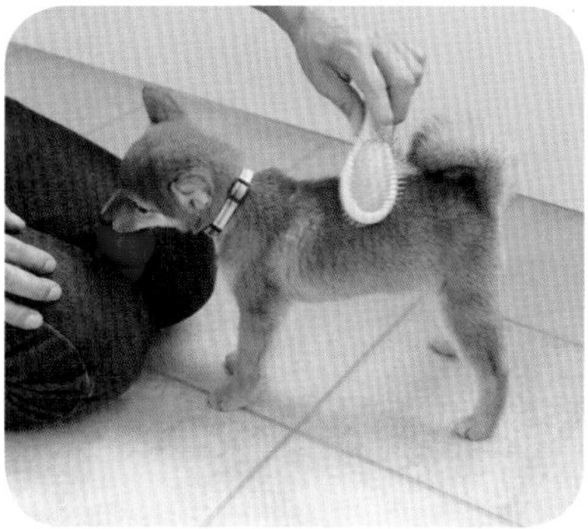

3 讓狗狗舔KONG玩具同時幫牠梳毛

若狗狗對梳子碰觸身體並不在意，可以試著稍微移動一下梳子。如果這時候狗狗覺得梳子怪怪的，就趕快把梳子藏起來並裝出「沒事，我什麼事都不知道」的樣子。然後給狗狗舔KONG玩具再開始試著梳毛。

➔P.059 KONG玩具的使用方法

剪趾甲

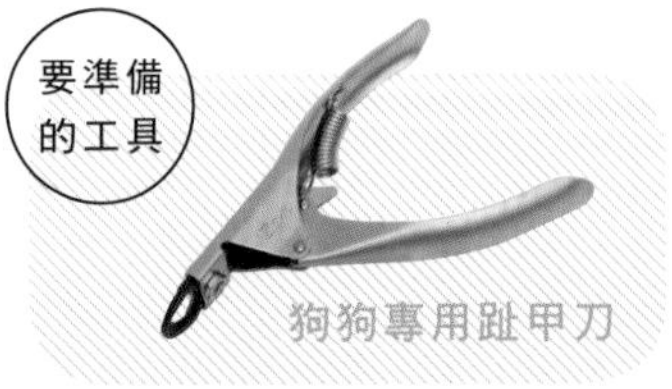
要準備的工具
狗狗專用趾甲刀

剪趾甲前

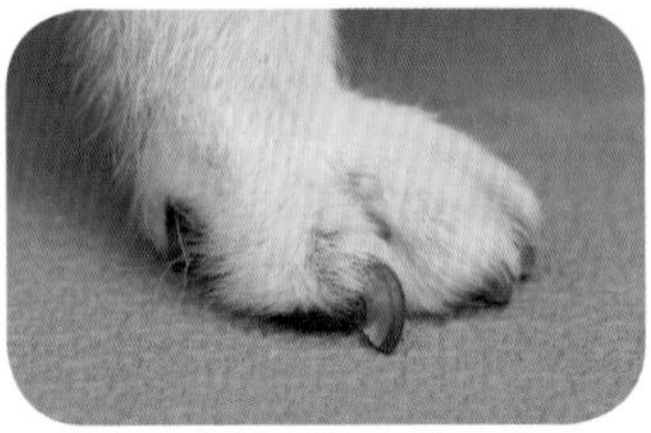

剪趾甲後

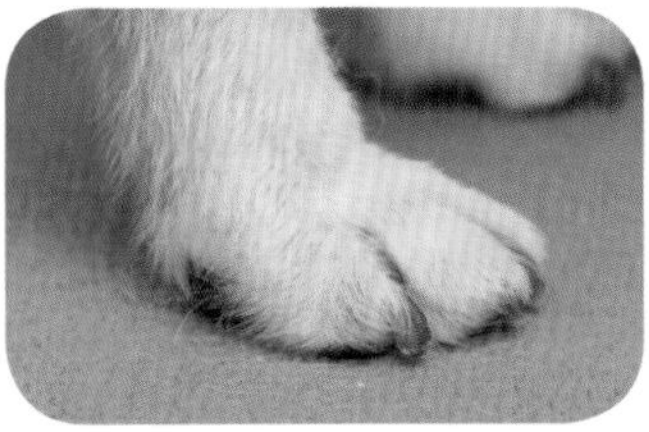

趾甲的長度，應為狗狗腳掌接觸地面的時候趾甲不會碰到地上的程度。由於剪趾甲是種一旦讓狗狗覺得痛以後就可能不再願意讓人碰觸腳掌的高風險護理工作，飼主在還未與狗狗建立十足的信賴關係之前，建議還是交給專業人士比較好。大約每3星期～1個月剪一次就足矣。

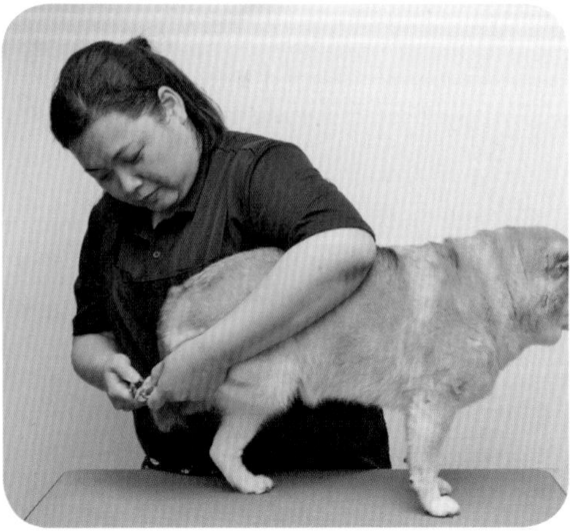

1 保定狗狗

保定住狗狗讓腳掌可以向後彎曲，這樣狗狗的腳就會難以移動，呈現可以安全剪趾甲的姿勢。抓住狗腳的手臂要壓住狗狗的身體。

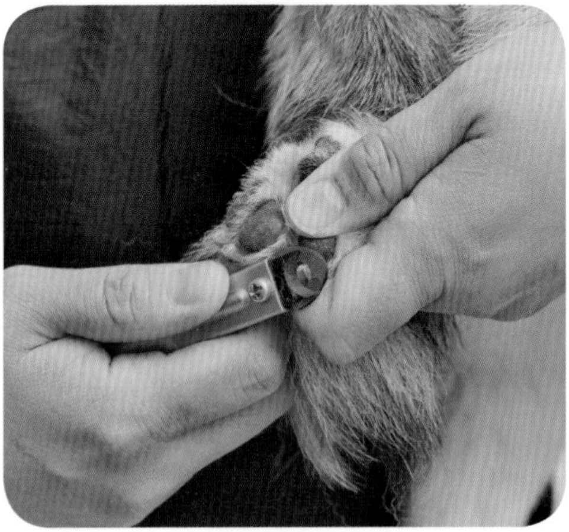

2 剪掉趾甲的尖端

狗狗趾甲的根部有血管和神經，所以切勿剪得太深。先垂直剪掉該剪的部分，接著把趾甲的上下角落用趾甲刀修圓，有銼刀的話也可以用銼刀磨圓。

有些狗狗在散步時
會自然把趾甲磨短
而不用剪趾甲唷

梳毛

要準備的工具

橡膠梳

鬃毛梳

針梳刀頭型除毛梳（Furminator）

選擇自己覺得方便好用的梳子。

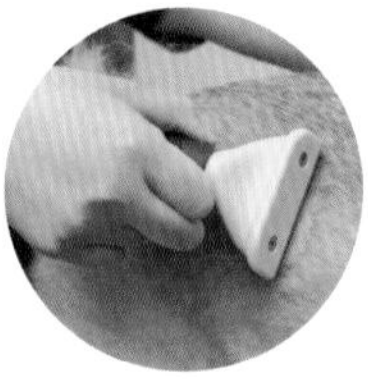

梳子的拿法

若是針梳刀頭型除毛梳，手握住的時候不能太過用力，最好是用手指輕輕拿著。可先用在自己手上來調整力道。

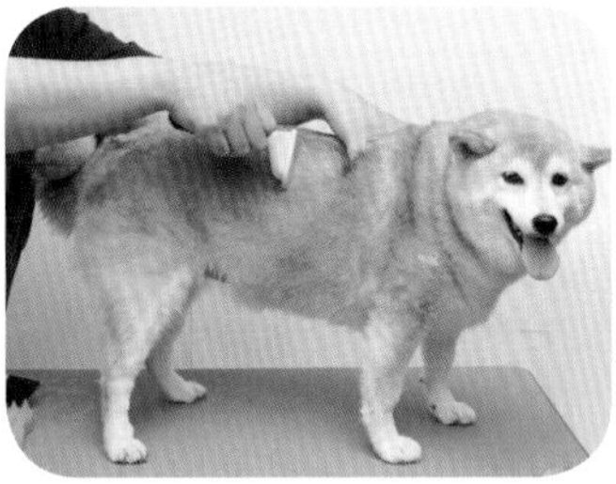

梳子移動時要順著毛髮走向

以最容易掉毛的背部為中心梳理狗狗全身的毛髮，順便檢查皮膚的健康狀況，看看有沒有異常情形出現。換毛期間每天都要梳毛，其他時期則每個星期一次。

清耳朵

要準備的工具

洗耳液

棉花

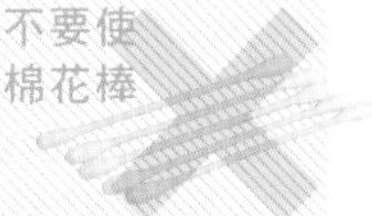

請不要使用棉花棒

將棉花棒伸到狗狗的耳朵深處清耳朵可能會傷害耳道，若狗狗耳朵很髒的話應帶去動物醫院就診。

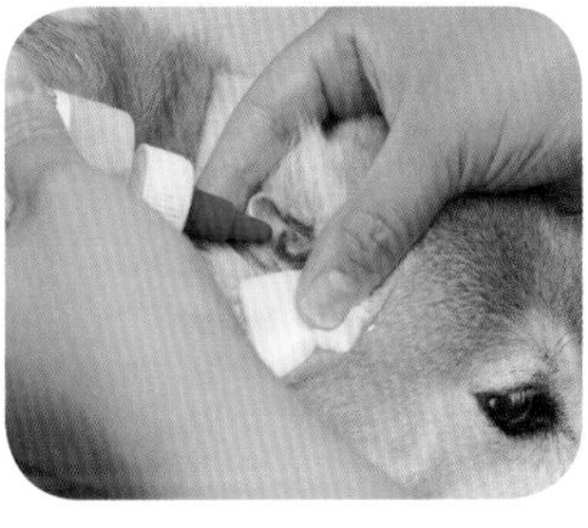

1 將洗耳液倒入耳中

將洗耳液倒入耳中，用手揉搓耳根部位，讓液體遍布耳內。事先將要用的洗耳液倒入別的容器，將其加溫到人體肌膚的溫度後再使用，狗狗比較不會嚇到。

2 用棉花球將洗耳液吸取乾淨

用棉花球將滿出來的液體吸乾，並擦拭耳殼外露的部分。其他殘留在耳內的液體，狗狗會自己甩頭甩乾淨。

洗澡

要準備的工具

舀水瓢

若狗狗害怕蓮蓬頭沖水的聲音，用水瓢從浴缸裡舀出熱水沖洗更好。

洗毛精、潤絲精

狗狗和人類的皮膚pH值不一樣，務必要選擇狗狗專用的洗毛精和潤絲精。若想縮短洗澡過程也可選擇洗護雙效洗毛精。

吹風機

毛巾

選擇吸水快乾型的毛巾會更方便。

海綿

起泡網

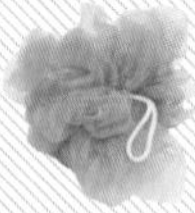

讓狗狗習慣浴室和蓮蓬頭的方法

為了不讓洗澡變成狗狗的惡夢，必須事先讓狗狗習慣浴室或蓮蓬頭的聲音。在習慣之前可送狗狗去寵物沙龍洗澡。

1 在浴室餵食

為了讓狗狗習慣浴室這個空間，在浴室裡餵狗狗吃東西。

2 讓狗狗習慣蓮蓬頭

一邊拿著未打開沖水的蓮蓬頭對著狗狗的方向，一邊餵狗狗吃東西。

3 打開蓮蓬頭的水同時餵食

對著不會淋到狗狗的地方打開低水量的溫水，一邊餵狗狗吃東西。觀察狗狗的反應，狗狗可接受的話就漸漸加強水量。

4 先沖狗狗的腳掌

先用溫水沖一下狗狗的腳掌，並瞬間餵牠吃東西。一邊觀察狗狗的反應，一邊調整沖水的部位、水量和時間。

洗澡之前先幫狗狗梳毛和剪趾甲。若身體的健康狀況不佳不適合洗澡時，可改用乾洗澡等方式清潔

1 將洗毛精起泡

將洗毛精放入盆中加溫水攪拌，再利用起泡網製作出泡泡。

2 由臀部➔頭部的順序將身體淋溼

水的溫度大約為37～38℃，由於狗狗的臉部一旦弄溼後，經常會甩動身體，所以一開始先不要弄溼臉部。

將蓮蓬頭儘量貼近狗狗的身體會讓聲音和刺激都變得更小。如果狗狗討厭沖水，可用水桶將溫水淋在狗狗身上，或利用水管淋溼也不錯。

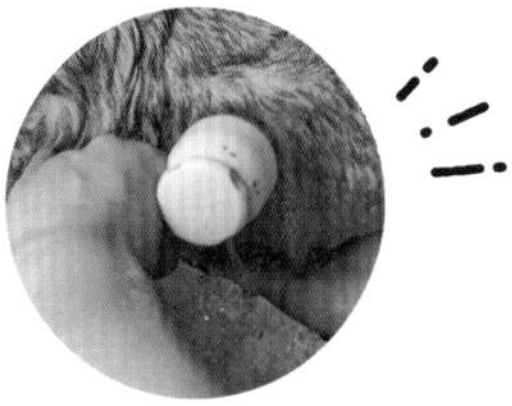

3 將洗毛精的泡泡塗在狗狗身上並搓揉按摩

將泡泡放在狗狗身上輕柔地搓揉，不要用力搓狗狗的身體。

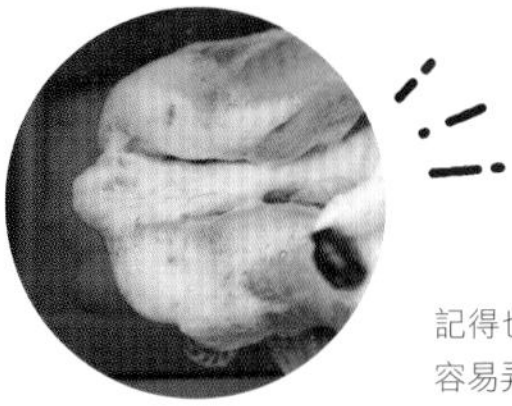

記得也要仔細搓洗容易弄髒的腳掌。

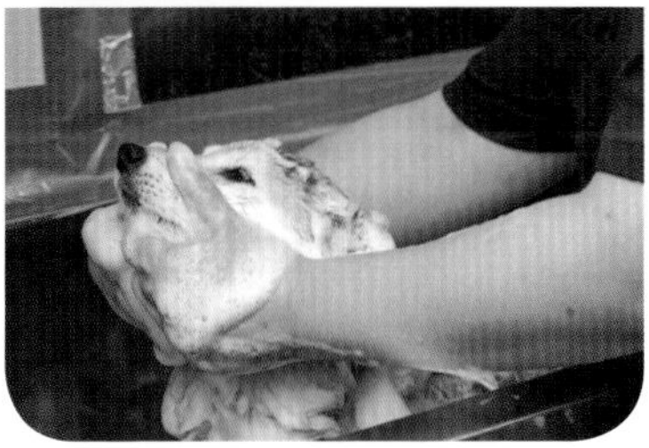

4 搓洗臉部

最後再弄溼及搓洗狗狗的臉部，注意不要將泡泡弄到眼睛和耳朵裡面。

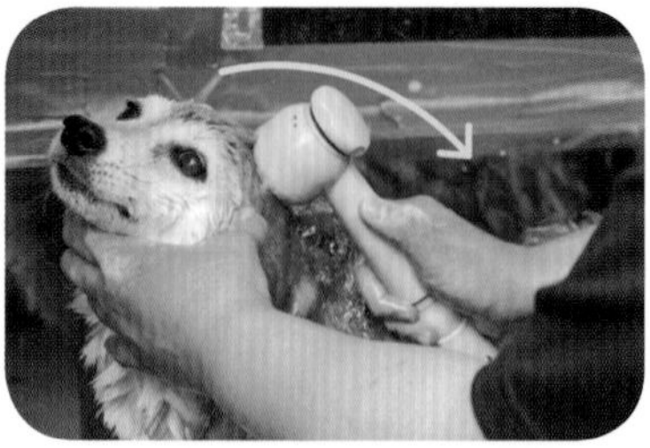

5 從臉部➜臀部的順序將泡沫沖洗乾淨

沖水時從臉部開始。輕壓耳殼讓耳朵向後平躺可以讓水不容易進到耳朵內。腋下、鼠蹊部、尾根部等部位容易有泡沫殘留，記得要仔細沖洗乾淨。接著可以再幫狗狗洗第二次。

也可以利用擠壓海綿的方式搭配溫水清洗狗狗，尤其適合臉部等比較敏感的部位。

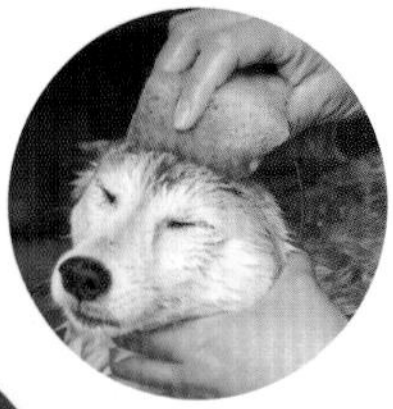

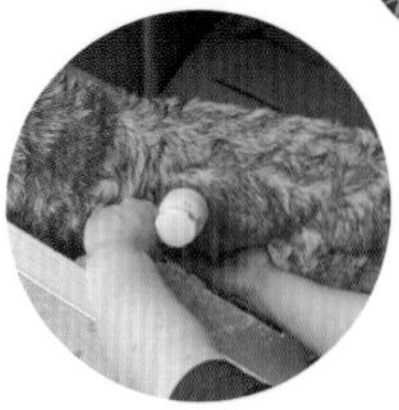

身體的下方可用手掌接住蓮蓬頭沖出的溫水後，再用手洗掉泡沫。

6 抹上潤絲精，接著清洗乾淨

將潤絲精擠在手掌上，塗抹在臉部以外的全身各部位。之後再比照步驟5用溫水洗淨。

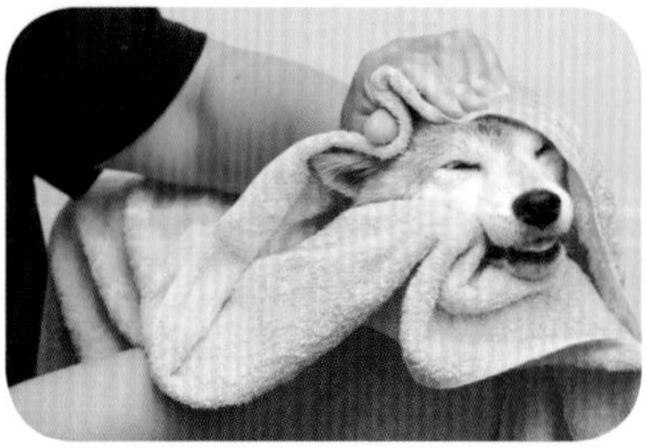

7 用毛巾擦乾身體

用毛巾仔細擦乾狗狗的身體，如果狗狗想要甩動身體，就讓牠盡情地甩水。

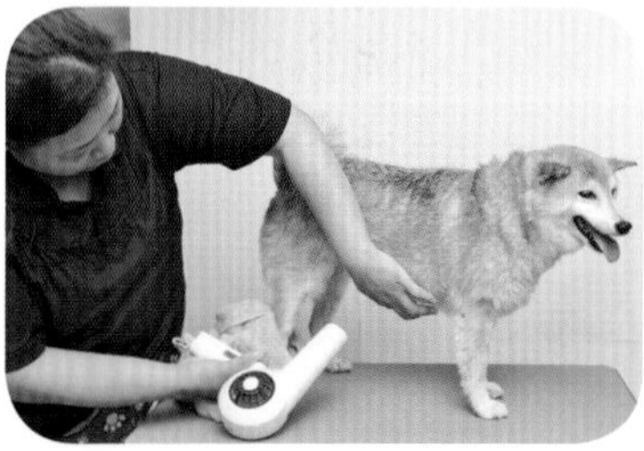

8 用吹風機吹乾身體

吹風機要與狗狗的身體保持約20公分的距離。使用時記得左右擺動，以免燙傷皮膚。先從狗狗容易著涼的腹部開始吹，一邊用手指揉搓一邊吹乾毛髮。最後改用冷風吹毛，檢查毛髮是否都已吹乾，還沒吹乾的部位摸起來會涼涼的。

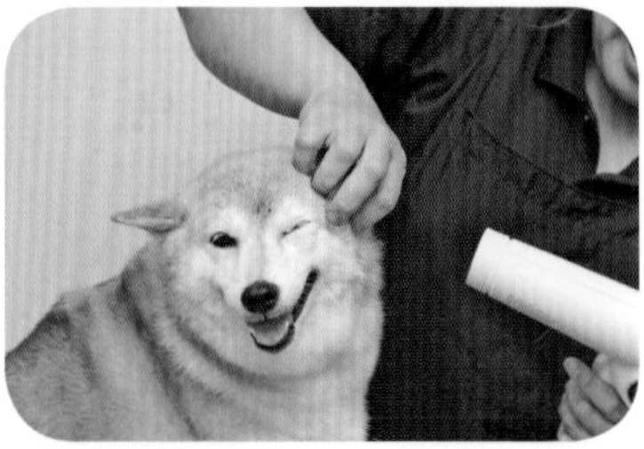

最後再以弱風吹乾臉部，有些狗狗在吹乾身體的過程中，臉部就已經自然乾了。

刷牙

要準備的工具

牙刷

可使用狗狗專用牙刷或人類的兒童牙刷（選擇刷頭小的牙刷）。

狗狗專用牙膏

單是塗抹在牙齒上也具有預防牙周病的效果。

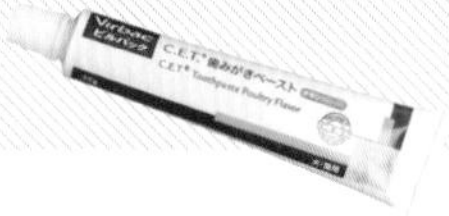

紗布

將紗布捲在手指上摩擦牙齒。

讓狗狗習慣刷牙的方法

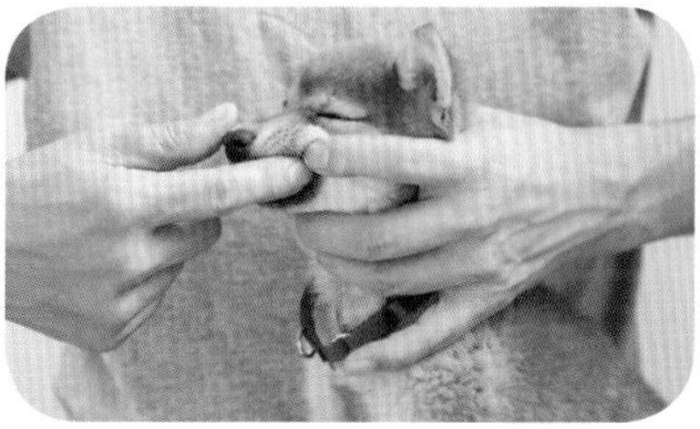

1 讓狗狗習慣手指伸入口中的感覺

在手指擠上起司等食物，讓狗狗習慣手指伸進嘴裡的感覺。習慣之後，在手指擠上牙膏以同樣方式讓狗狗習慣。

➔P.079 讓狗狗習慣手指伸入口腔內

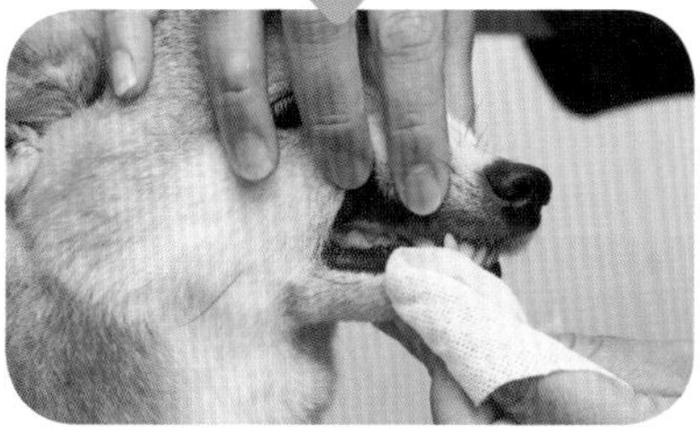

2 使用紗布刷牙

將紗布捲在手指上，以水沾溼後摩擦牙齒。等狗狗習慣之後，在紗布擠上牙膏，以同樣方式摩擦牙齒。

3 將牙膏擠在牙刷上讓狗狗舔舐

將牙膏擠在牙刷上並伸到狗狗鼻頭之前，狗狗應該會舔舐牙膏。牙刷記得要先沾水讓刷毛變軟。

4 刷牙

狗狗願意舔舐的話立刻移動牙刷數秒鐘，接著重複步驟3～4讓狗狗習慣刷牙的動作。最好在恆齒長齊的7～8月齡之前讓狗狗習慣刷牙。

與疼愛的銀色柴柴一起生活

狗狗年紀愈大就愈惹人疼愛。
我常常用手捧著小權的臉頰和牠對看
小權真的好可愛唷~
小徹是世界第一的帥哥!!
性格穩定下來後的小徹會陪我一起看著手機自拍

我啊，都把那種經歷過歲月、展現質樸灰色的高齡柴犬叫做「銀柴」。是我和小權、小徹一同生活的期間忽然想到的新詞。
銀色柴柴只要一回頭臉頰就會鼓起來！
脖子後方長出一條白色的圍巾
睫毛變成白色的

不只是外表，動作和行為也會出現變化。
故意去踩別人的腳
唔
因為聽力變差，以前很討厭的雷聲現在也不在意了
轟隆隆
轟隆隆
睡得很安穩
真是太好了
雖然有點惆悵就是了……
雖然小徹個性有點酷，但經常會觀察我的一舉一動。
只要發現我一副很累的樣子，牠就會提早結束散步。
欸，要回去了嗎？
俐落地轉身
往自家方向
這就是我們積年累月彼此陪伴產生的默契吧！
回家囉

老化的徵兆

有些狗狗會有白內障的情形

由於視力衰退，會經常撞到東西、沿著牆壁走路或變得討厭散步。

聽力變差

之前聽到會做出反應的聲音或聲響，現在聽到也無動於衷。

白毛增加

也就是白頭髮。另外因為新陳代謝的能力下降，換毛的進度會變得很慢，毛髮也會變得粗糙暗沉。

尾巴經常下垂

由於肌力衰退，腰部、尾巴和頭部都會有下垂的感覺。

趾甲容易變長

由於運動量下降，減少了將趾甲自然磨短的機會，必須幫牠們剪趾甲。否則過長的趾甲會讓狗狗在走路時造成關節負擔。

➔P.192 剪趾甲

如果沒有持續刷牙的話會有口臭味

若沒有養成刷牙的習慣，狗狗會出現牙周病和嚴重口臭的情況。牙痛還可能導致狗狗失去食慾。

➔P.197 刷牙

睡眠的時間增加

一天有大半時間都在睡覺，不過也有可能是生病讓狗狗變得無精打采，所以請務必定期帶狗狗去做全身健康檢查。

散步

戶外的刺激可以為腦部帶來良性的影響

在狗狗還能走路的時候，出門散步可以維持狗狗的肌力，請用陪伴的心情，耐心地陪牠慢慢散步。

若狗狗不良於行，只用推車推著牠出門走走一樣能帶來良性刺激。也可以去程的時候走路、回程的時候坐推車來減少狗狗的負擔。

飲食

狗食需改為高齡犬專用飼料，有時還得將飼料泡軟方便狗狗進食

如果狗狗還是吃乾糧的話，可以和年輕時一樣用手餵食。若狗狗吃乾糧時看起來有障礙，可將乾糧用溫水泡軟或改餵溼食罐頭。將狗碗放在架子上架高方便狗狗進食。

室內環境

設置樓梯等方法減少狗狗與牠喜歡的休息處之間的障礙

當狗狗腰腿力量衰退無法跳到沙發等地方時，可設置平台或狗狗專用樓梯協助狗狗上去。儘量不要改變家具的擺設，同時要把可能變成障礙物的多餘物品收拾乾淨。

也會有必須全天照護的情況發生

上廁所

找出能減少飼主和狗狗負擔的方法

利用能夠支撐腰部的輔助帶協助腰腿無力的狗狗上廁所。

若狗狗會在屋內四處大小便，可用圍欄圍起一個空間，並全面鋪上尿布墊讓狗狗待在裡面。或是使用狗狗專用尿布也不錯。

飲食

如果狗狗無法自行進食，就必須人工餵食

若狗狗可以吃溼食的話，可用湯匙將團狀的溼食餵到狗狗的嘴邊。若是流質食物的話則使用針筒灌食。不論哪種方式，都要將狗狗的上半身抬高，確認狗狗進食的樣子一邊少量餵食。

照護生活很容易演變成長期的過程，飼主自己也要記得適當休息！

當愛犬邁入高齡或罹患疾病而只能躺臥在床時，就必須進行飲食和上廁所相關的照護工作。照護方式有很多種，可諮詢家庭獸醫師並找出自己能夠長期持續下去的方法。

最重要的是不要一個人承擔所有事情。一旦獨自承擔照護工作，就和人類的看護工作一樣，很容易被似乎永無止盡的照護生活搞得自己筋疲力盡。偶爾也要將狗狗交給動物醫院看護，或是利用寵物保姆等服務，讓自己休息一下。相信您的愛犬應該也不會想看到您精疲力盡的臉孔。

狗狗臥床不起時

讓狗狗躺在能分散壓力的軟墊上

為了防止褥瘡發生，讓狗狗躺在能分散身體壓力的軟墊是有效的方法。有些軟墊會在臉頰下方等處設計專用的緩衝區。

每隔幾個小時幫狗狗翻身一次

為了防止褥瘡發生，最好每隔2～3小時就幫狗狗改變身體的方向。此時光是抱起狗狗抬起上半身也能促進狗狗的血液循環。

用尿布墊盛接排泄物

在愛犬的屁股下墊塊尿布墊，以盛接排泄物。屁股周圍難免會出現髒汙，利用免沖洗清潔劑等工具時，常保潔淨。

容易發生褥瘡的部位

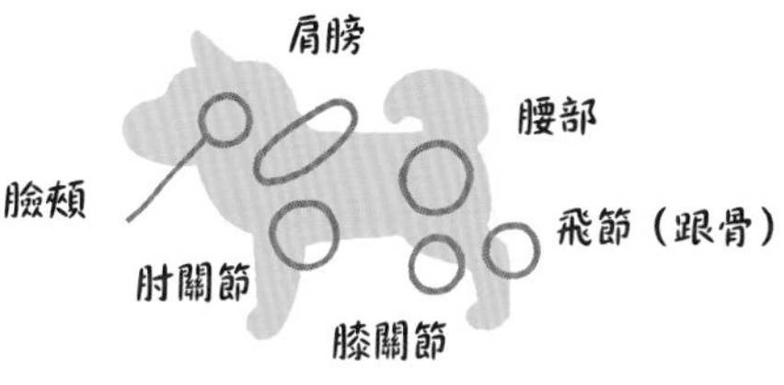

大家知道嗎？ 柴犬罹患認知障礙的機會並不低

柴犬在遺傳上屬於容易罹患認知障礙的犬種。一旦狗狗罹患認知障礙，可能會出現不斷吠叫、總是想要吃飯、到處走來走去等症狀。讓狗狗在屋內自由活動，也可能會四處亂跑結果卡在家具的縫隙間動彈不得。遇到這種情況，可事先將狗狗放入圍成圓形的圍欄內讓牠沿著邊邊走路，就比較不用擔心了。

膝關節異位（髕骨）

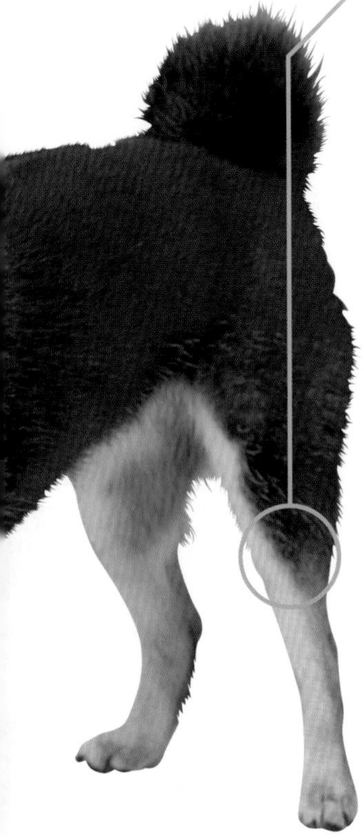

原因　由於膝關節發育不良或韌帶異常，造成膝蓋骨從膝關節上方的凹槽處脫臼，有時還會導致關節及韌帶受傷。

症狀　狗狗會因為疼痛而出現跛腳、抬起後腳走路、難以彎曲，或玩到一半突然發出哀嚎等現象。

預防及治療　可用內科療法、雷射治療等方式，搭配限制運動及控制體重防止再度發生。若是嚴重異位或已有關節變形的情況，則需要進行外科手術。平時應採取鋪設防滑地板、幫狗狗的後腳進行彎曲伸展的運動和按摩等方法來預防此病的發生。

了解柴犬容易罹患的疾病

面對疾病，最重要的鐵則就是早期發現、早期治療

不論是哪一個犬種，都會有遺傳上容易罹患的疾病。若可以將疾病的症狀預先記在腦裡，就能夠儘早發現是否罹患疾病。不論是什麼疾病，只要能早期發現、早期治療，自然就可以早日康復囉。

此外，為了發現肉眼不可見的症狀，必須定期帶狗狗去動物醫院進行健康檢查。很多疾病都是透過血液檢查等檢驗數值發現的，所以不只狗狗有異常的時候要檢查，即使狗狗沒有任何症狀，也應安排一年一次健康檢查。

異位性皮膚炎

原因　塵蟎、黴菌、花粉、灰塵等都可能引起狗狗的過敏而造成皮膚發炎，很多狗狗的症狀還會在梅雨季節惡化。

症狀　在眼睛周圍、嘴角、耳朵、腿根部、腹部等部位出現發癢或慢性脫毛現象。若有色素沉澱還會造成皮膚變黑變紅等症狀。

預防及治療　可利用口服藥及外用藥膏來減緩症狀，洗澡可洗掉過敏原及保溼，所以能預防此病的發生。而平時打掃室內、保持清潔並使用空氣清淨機，也可達到預防的效果。另外還有讓狗狗習慣過敏原的減敏療法。

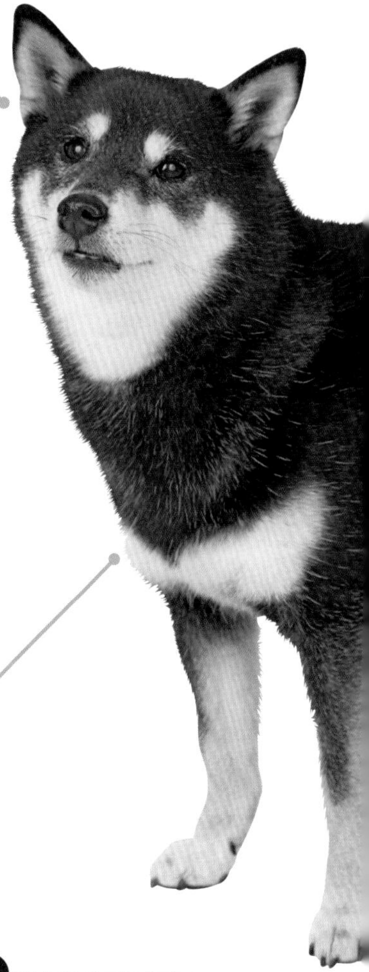

二尖瓣閉鎖不全

原因　心臟的二尖瓣因退化造成血液逆流，使得血液無法充分進到體內進行循環。是狗狗最常見的心臟病。

症狀　初期沒有症狀，隨著病程進展，狗狗會出現不喜歡運動、咳嗽等現象，嚴重時則會出現肺水腫、呼吸困難及暈倒等症狀。

預防及治療　口服減少心臟負擔的降血壓藥物或提高心臟功能的強心劑等藥物進行治療，同時也需要進行飲食療法與運動療法。在某些專科醫院還能手術幫狗狗替換人工瓣膜。肥胖或高鹽分的飲食會加重心臟的負擔。狗狗要定期進行健康檢查以便早期發現。

大家知道嗎？

致死性的遺傳疾病

有一種名為「GM1神經節甘脂儲積症」（GM1 gangliosidosis）的遺傳性疾病，目前並沒有有效的治療方法，狗狗在一歲左右就會死亡。由於是來自父母親的遺傳，所以如果狗狗是從正常繁殖犬隻的優質繁殖業者購買而來，應該沒有這種問題，此外有些犬舍也可以為狗狗進行基因檢查。

的柴犬們

影山小狛

影山小徹

COVER & OTHERS
大福

小尋

岡 MIINA

岡 GOMAME

小鈴

藤井鈴海綿蛋糕

藤井紅豆大福

Thank you!

協助攝影

右田桃子

佐藤 TSUKUNE

佐藤胡麻

永友豐來

ASAHI

大久保桃子

坂井黃豆粉

COCO

加藤 MOCO

藏本健太郎

小島小夏

種村銀

監修　西川文二

Can！Do！Pet Dog School主辦人，公益社團法人日本動物醫院協會認證之家犬行為教育指導師。早稻田大學理工學部畢業後，在博報堂任職十年，負責廣告文字撰稿。1999年開設家犬行為教室Can！Do！Pet Dog School，採用以科學理論為基礎的訓練方法。著有《幼犬的養育與行為教育》（新星出版社）、《科學教育法讓狗狗更厲害》（Softbank creative）、《狗語大辭典》（臺灣晨星出版）等。是《狗狗的心情》雜誌（Benesse Corporation）登場次數最多的監修者（創刊10週年時）。

http://www.cando4115.com/

漫畫、插畫
影山直美

圖文作家，以自己與柴犬的日常生活為題材的作品深受讀者歡迎。主要著作包括《柴式狂想曲》系列（臺灣博誌文化）、《我的愛在我身邊：有狗不寂寞》系列（臺灣大田出版）和《柴犬小權、小徹遊手好閒每一天》（臺灣東販）等。

編輯、執筆
富田園子

經手大量寵物書籍之撰稿人與編輯。日本動物科學研究所會員。編輯與執筆的書籍包括《看漫畫了解狗狗的心情》（大泉書店）、《怎麼過好法國鬥牛犬式的生活》（誠文堂新光社）、《貓書：100個貓行為，解讀貓主子真心話》（臺灣三采文化出版）等書。

STAFF
封面、內文版型設計　室田潤（細山田設計事務所）
攝影　橫山君絵

SPECIAL THANKS
寵物沙龍Petit Tail、Happy-spore

原發行出版社　株式會社 西東社

寵物館 107

開始吧！與柴犬一起生活

はじめよう！柴犬ぐらし

譯者　高慧芳
編輯　林佩祺、曾盈慈
封面設計　鄭宇彤
美術設計　曾麗香

創辦人　陳銘民
發行所　晨星出版有限公司
407台中市西屯區工業30路1號1樓
TEL：（04）23595820
FAX：（04）23550581
http://star.morningstar.com.tw
行政院新聞局局版台業字第2500號
法律顧問　陳思成律師
初版　西元2021年08月15日
初版二刷　西元2023年06月10日
讀者服務專線　TEL：（02）23672044 /（04）23595819#212
讀者傳真專線　FAX：（02）23635741 /（04）23595493
讀者專用信箱　service@morningstar.com.tw
網路書店　http://www.morningstar.com.tw
郵政劃撥　15060393（知己圖書股份有限公司）

印刷　上好印刷股份有限公司

定價420元
ISBN 978-986-5582-51-7

國家圖書館出版品預行編目資料

開始吧！與柴犬一起生活 / 西川文二監修；影山直美繪；高慧芳譯 .. -- 初版 . -- 臺中市：晨星出版有限公司, 2021.08
面；　公分 . --（寵物館；107）

ISBN 978-986-5582-51-7（平裝）

1. 犬 2. 寵物飼養

437.354　　110004957

掃瞄QRcode，
填寫線上回函！